犬猫姉《きょう》弟《だい》センパイとコウハイ

石黒由紀子

幻冬舎

犬猫姉弟《きょうだい》センパイとコウハイ

はじめに

それは2010年、冬のはじめ。愛犬・豆柴のセンパイが5歳のときに、我が家に猫がやってきました。動物愛護団体「ランコントレ・ミグノン」から、生後3ヶ月（推定）の子猫を譲渡してもらったのです。子猫はコウハイという名前になりました。そして、その2匹との暮らしをまとめた『豆柴センパイと捨て猫コウハイ』を出版したのは東日本大震災があった2011年の秋。

おかげさまで息の長い本（書店ではロングテールというそうです）となり、読んでくださった方から「2匹は元気？」「子猫もすっかり大きくなったでしょう？」と、声をかけてもらったり、お便りが届いたり……。

そこで、2012年の夏から『豆柴センパイと捨て猫コウハイ』その後、として「犬猫姉弟 センパイとコウハイ」をWebマガジン幻冬舎で連載開始。「犬と猫と過ごす日々、82％くらいまったりで、15％がどたばたです。あ、あとの3％は……何だろう？」とまぁ、こんな感じでゆるゆるとスタートした連載でしたが、15％のどたばたの中には、コウハイが緊急手術をすることになったり、義母の老猫2匹を預かることになったりと、ゆったり構えてもいられない事件（？）もありました。

そのときは困り果てていっぱいいっぱい。しかし、どうにかこうにか乗り越えて、過ぎてみればいい思い出、どれも愛《いと》しいひととき。2匹のことを気に留めてくださっている方へ、近況報告の手紙を出すような気持ちで綴っていましたが、自分で書いたこの文章を、読み返しては何度も笑う私はおめでたい。

この本は、Webマガジン幻冬舎の連載を大幅に加筆修正し、書き下ろしとともにまとめたものです。読んでくださったみなさんの心を温め気持ちをほぐせる1冊となれば幸いです。手に取ってくださって、ありがとうございます。

もくじ

センコウ4コマ劇場

日だまりベッド

南向きの窓辺にセンパイ用のベッドが置いてある。ドーナッツのように丸くてマシュマロのようにふんわり、晴れた日には日射しが降り注ぎ、ふかふかぬくぬくな日だまりベッドとなる。私が犬猫ほどの大きさになれたら「一度あのベッドにもぐって2匹と寝てみたい」と羨望するはずの、我が家で一番居心地良い場所。そこはいつもセンパイの特等席なのに、先日、気がついたらコウハイがいた。

ベッドの中でそれはそれは堂々と、身体《からだ》を伸ばし「天下獲ったり！」という顔をして寝ている。横には床で背中を丸めて眠るセンパイ。あれれ、コウちゃん、ずっと狙っていたんですか。下克上ですか。

しかし、不穏な空気は漂っていない。センパイは平和主義、獲られた天下（ベッド）を獲り返そうなんて1ミリも思わない。「センちゃん、コウちゃんにベッド獲られちゃったけど、いいの？」そう訊《たず》ねても「んー、それより今は眠いのよ〜」と柳に風。

しばらくしたら、コウハイが目を覚まし「ふわわわ〜、よく寝たニャ〜」と大あくびをひとつ。それから気分転換？　ベッドをあとに隣の部屋にパトロールに出かけた。

「お？」すると、センパイ、すかさずベッドに移動。無表情だが「やったね〜！」と背中はうれしそう。そうか、センパイ、ただのんびり寝ていたわけではなく、じっとこのときを待っていたんだね！　家康タイプだね！　戦わずして天下を獲り戻したセンパイは、何事もなかったかのように、また静かにベッドで眠りはじめた。

一方、コウハイ。パトロールを済ませ気分よく戻ってきたら、あらら、ベッドにはセンねえたん。「さっきの夢の続きを見ようと思っていたのに……」世の中そう甘くないニャ、どうしたものかと立ちすくむ。策士・コウハイ、負けて勝ち獲れ？　とりあえず、自分の陣地（ベッドの横にあるダンボール箱）に引き揚げた。

すやすやと眠るセンパイの横顔を見ながらコウハイは考えた。じっくりじっくり思いを巡らし策を練り、作戦を行動に移すときを待つ。「あ、ねえたん、すっかり寝入ったたみたいニャ」コウハイは首を伸ばし、センパイに近づき寝息を確認。出陣のときは今！センパイのベッドに潜入開始。こんなとき、コウハイは実に注意深い。息を詰めてそろーりそろーり、でも心の中では「えいっ！」と思いきって大胆に。細心の注意を払いセンパイの背中へ回り込み、最後の一歩まで気を抜かない。
ゆっくりと腰をおろして「ふ〜っ」。ハイ、大成功。「やっぱりね〜。一度眠ると、センねえたんは起きニャいって、知ってたのニャ〜」。コウハイ、してやったり。そのあと、少しの時間、緊張しながら様子を窺《うかが》っていたが、「よっしゃ、大丈夫そ♡」とセンパイの背中にペッタリとくっついて満足そうに眠った。コウハイは、天下獲りしてベッドを占領するよりも、センねえたんと眠るのが好きらしい。コウちゃん、よかったね。

寒くないセンねえたんと一緒だもん♡

センパイとコウハイ、一致団結？

犬は飼い主に忠実。「飼い主の喜ぶ顔を見たくて犬は生きている」というのは少し大《おお》袈裟《げさ》かもしれないけれど、そう思えてしまうほど、犬はいつも飼い主のことを気に留め、見つめている。

私が原稿を書いているとき、センパイは机の下で寝ている。私の脚を枕にして。少しでも席を立つと「あ、どこ行くの？」と頭を上げ、一瞬、緊張した面持《おもも》ち。「トイレだよ」とか「ちょっと水飲んでくるよ」と声に出して伝えると「あ、そうなんだ……」と安心した様子。

「待て」と言うとずっと待っている。「よし！」と言うまで待つ。食べ物を前にしていると、たまに「辛抱たまらん！」とフライングしてしまうときがあるけれど、ほぼちゃんと待てる。そんな関係も、お互いがもっと年齢を重ねると変わってくるかもしれないが、今のところセンパイは飼い主の言うことは素直に聞いてくれるし、気まぐれな外出にも付き合ってくれ、私たちを一途に想ってくれているよう。

「猫に言うことを聞かせようなんて、最初から無理なことなのよ」猫を迎えることになったとき、猫飼いの先輩たちは口々にそう言った。「そんなものなの？」とぼんやり聞いていたがやっぱりそうだった。コウハイが来たばかりの頃の我が家では、猫にはテーブルの上に乗ってほしくないと思っていた。もちろん先住のセンパイも乗らないし、食卓を猫が闊歩《かっぽ》することになんとなく抵抗があった。まぁ、けじめというか。

しかしテーブルは、もはや猫の空中散歩の通り道。コウハイはソファから本棚に飛ぶ途中にテーブルに着地、そのたびにテーブルクロスとじゃれたりダンスをしたり。テーブルをステージにして得意げだ。

「どうしてもしつけたかったら、新聞紙を丸めた棒を作っておいて、猫がいけないことをしたら、その棒で壁をバンと叩《たた》く。そうしたら、その音が不快だからいたずらをしなくなるよ」秘策を伝授してくれた人がいて、さっそく試してみたが、音に怯《おび》えたのはセンパイのほうで、コウハイにはまったく効果がなかった。

しかし、意外にもコウハイはセンパイに忠実。うたたねをするセンパイにちょっかいを出してからかったりもするけれど、いざというときは空気を読んでセンねえたんの言うことを守り、一致団結。その上、どこかセンパイを尊敬しているフシもある（私たちのいないところで、センパイが先輩風を吹かせているのか）。2匹だけの意思の疎通が確実にあって、コウハイがセンパイの様子を窺いながら行動することも多い。何よりも、コウハイはセンパイの前では私に絶対甘えない。これが、センパイへの最大の気遣い。

さて。日々の中でセンパイにとって一大事は、私やオットが出かけてしまうこと（コウハイはセンパイと一緒なら留守番も平気）。私が服を着替えたり出かける準備をはじめると「はっ、これは大変！」とセンパイの表情が変わる。「ね、どっか行くの？」「あたちも行くよね？」「一緒に行くよね？　ね？」と後ろをついて歩き、そのあとは置いていかれないようにと玄関に座り込み。「あたち、ここにいますよ！　いますからね〜！」というオーラを全身に滲《にじ》ませる。

そんなセンパイの姿を見てコウハイも「ありゃ、こりは油断できニャい！」。私とセンパイの様子を見ながらちょっとソワソワしているコウハイに、最近ではセンパイが「コウちゃん、ゆっちゃん（私のこと）を見張りなさい！」と、ピシッと指令を出している（ようだ）。

コウハイは「はっ、了解でやんす！」とセンパイに忠実な部下となる。センパイに遠隔操作されているのか、出かけようとしている私をコウハイが執拗《しつよう》に見張る。そしてときには、私の行動をセンパイが監視し、そのセンパイをコウハイが気にしてストーキングという、二重の張り込みが行われることもある。とはいえ、私の外出を阻止しようと2匹が吠えたり騒いだり、留守番中に何かを破壊したりなんてことはないので、助かってはいるけれど……。

この頃では、センねえたんを見習って、コウハイも玄関に座り込み（寝込み？）までする始末。飼い主にはそうでもないけど、センパイには要領よく従う。後輩気質をすっかり身につけたコウハイ、名は体を表す？

お留守番 嫌いじゃないけど 寂しいの

センコウ対決のはじまり

コウハイがはじめて我が家に来た夜、子猫の出現に驚き、肝を抜かれたセンパイは、固まったままソファから動こうとしなかった。かたや子猫（このとき、名前はまだニャい）は、先住犬の戸惑いなど気にもせず、家中のあちこちを果敢にパトロール。そのうち、こてっと寝てしまった。しかも置物のように固まっているセンパイの背中に這《は》い上がり、そこで寝た。

「このちっちゃいの何〜？　早くどけて〜！」センパイの訴えをヨソに、子猫は、あっという間に熟睡。スースーと寝息をたてて、心の底から安心しているような顔で……。

このときから、センパイはコウハイにとって心地いいベッド。１００％大好きなおかあさんで、やさしいおねえちゃんで、楽しい友だち。疲れたらセンパイに寄りかかって眠くなるのを待ち、地震のときもセンパイの傍《そば》に避難。座り方も眠る姿もセンパイにそっくり。猫は、おなかがすいたときに気まぐれ食べをすると言われているけど、コウハイはセンパイを見習い（?）、がつがつと一気に力強く食べる。センパイがベランダに出たらコウハイも出たがるし、センパイが食べるものはみな「それニャに？　ボクにもちょうだーい！」と欲しがった。

我が家での暮らしにも慣れ、すくすくと成長したコウハイは、思春期を迎え生意気なやんちゃ盛りとなった。濡れネズミのようだった極小の身体も大きく育ち、被毛も伸びてもふもふ。明るくて好奇心旺盛、何にでも首を突っ込んでいく積極的な性格は子猫の頃のまま。

センパイは、コウハイのいたずらやわがままにも「小さいから仕方ないわねー」と我慢していた。しかし「そうは言っても、結構大きくなってきたよねぇ？」と気づきはじめたそんな頃、コウハイも「センねえたんって、いっつもぼ〜っとしてるニャ〜」ということを知る。その上、楽しい遊びまで思いついた。それは、ねえたんにケンカを仕掛けてからかうこと。基本、センパイには忠実なコウハイだけど、センパイと遊びたくて、ときどきスイッチが入るのでした。

生まれたときから犬よりも人に囲まれ、おっとりぼんやり過ごしてきたセンパイと、路上出身のコウハイ、勝敗ははじめから決まっている。

コウハイは、センパイが日なたぼっこしているときやソファでうたたねしてるときを狙う。センパイの、フェルトでできたのしいかのような耳と、手羽先にも似た脚をめがけて突進。誰かを驚かそうと、物陰で待ち伏せしている小学生のように、身体中にわくわくを滲ませ「うりゃ〜!」と飛びかかる。

「きゃ!」センパイは、不意をつかれて飛び起き「やめてコウちゃん!」。反応されることがうれしいコウハイのテンションはますます上がり、ポカスカポカスカ、猫パンチ(この「ポカスカ」って、マンガの中だけの表現だと思っていたけれど、コウハイはふさふさの被毛からピンクの肉球を突き出し、センパイをほんとに「ポカスカポカスカ」攻撃します)。

センパイは狙いどころもわからなければ、スピードでもコウハイに敵《かな》わない。羽交《はが》い締めにされて「あわわわわ」となり、足をバタバタさせるのがせめてもの抵抗……。私もオットも、よほどのことがない限り2匹のバトルには手を出さないことにしているので、「あぁ……」思わず目を覆う。

最初は「センちゃん、小さいコウちゃんに手加減してえらいなぁ」なんて言って笑っていたけど、実は手加減どころかほんとのほんとに必死だったのだ。思えば、それまでケンカなんてしたことないし、犬の友だちとじゃれ合うのも苦手だったセンパイ。誰かに挑まれることなんて、一度もなかった犬生《けんせい》だもの。

「もう、ほんとにやめてー!」センパイ、いっぱいいいっぱいの本気の一喝で、コウハイも「おっ」とひるむ。「あーもう、ほんとにやめてよー。ね、どういうつもり?」そこからは、センパイのお説教がはじまるのでした……。

センねえたん　眠っているぞ　突撃だ!!

センコウ4コマ劇場…… 1

ふたりの会話

昼下がり……。
すぴー。　すぴー。　すぴー。

コウハイが センねえたんにくっついて気持ちよく寝ていました……。

そこへ
「ちょっとコウちゃん！
コウちゃん、起きて！」と センパイ。

コ「はっ！　なんでしか、ねえたん……」

セ「前方をご覧ください……。ゆっちゃんがクリームパンを食べてます……」

セ「いただきましょう、私たちも。
さぁ、奪うのです、あなたが！」

コ「了解でやんす。では……」

まずはふたりでジロジロ作戦から！

おやつもゆっくり食べられない、
今日この頃……。

＊ふたりの会話は
テレパシーで行われています。

大好きなふかふかの日だまりベッド。センパイにじりじりと近づくコウハイ。
「夢の中でもセンねえたんと遊びたいニャ〜」

むむっ。見合って～「歯をくいしばれー」。
センパイの頬に手を添えてるところにコウハイの本気度が。

いつだってコウハイからのアプローチで闘いの火ぶたが切られます。

「いい加減にしてー！」
センパイ、ときには一喝。教育的指導も。

「ねえたん、ごめんニャ！」
仲直りはチュウで♡

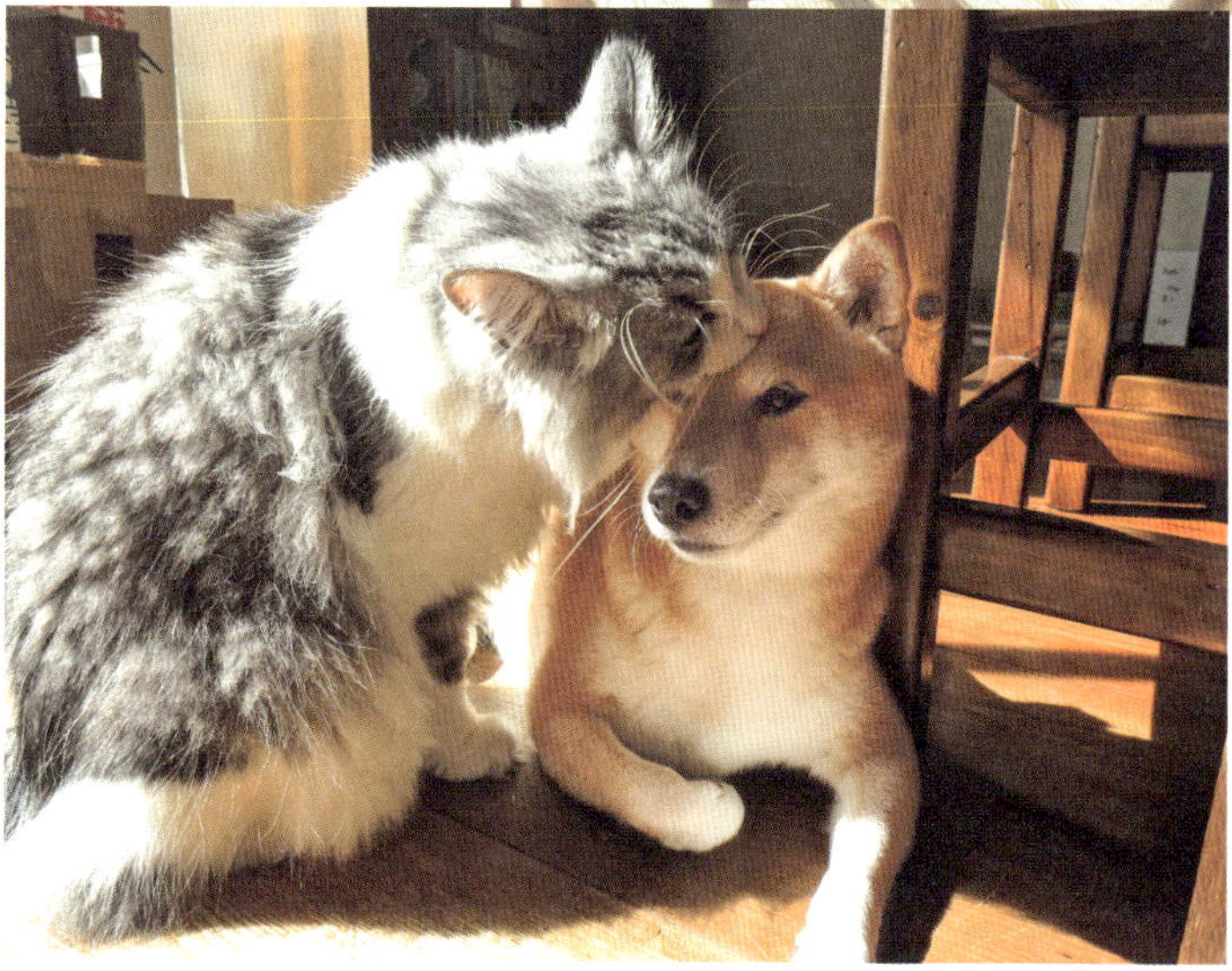

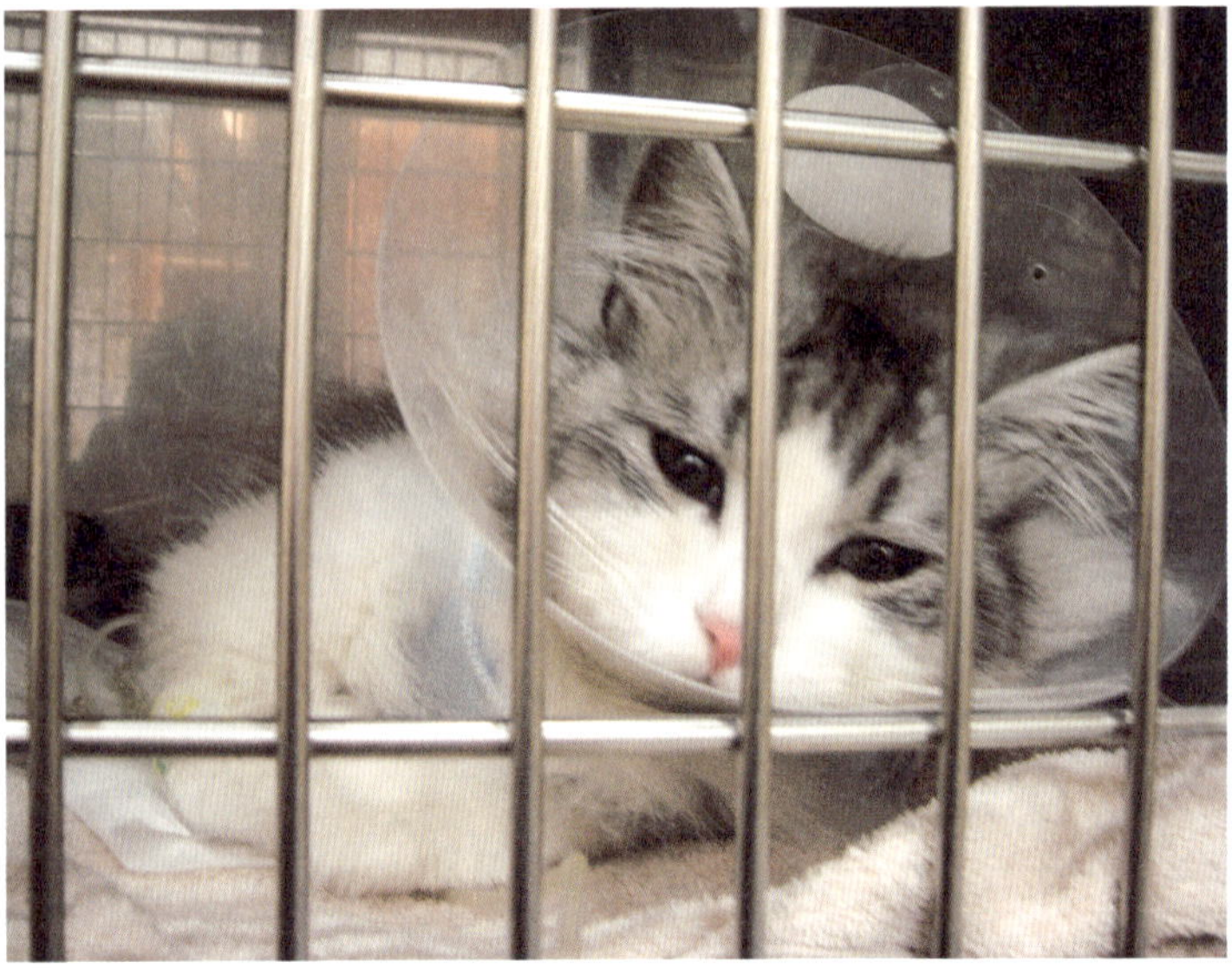

梅干しの種事件、手術が済んで朦朧としているコウハイ。

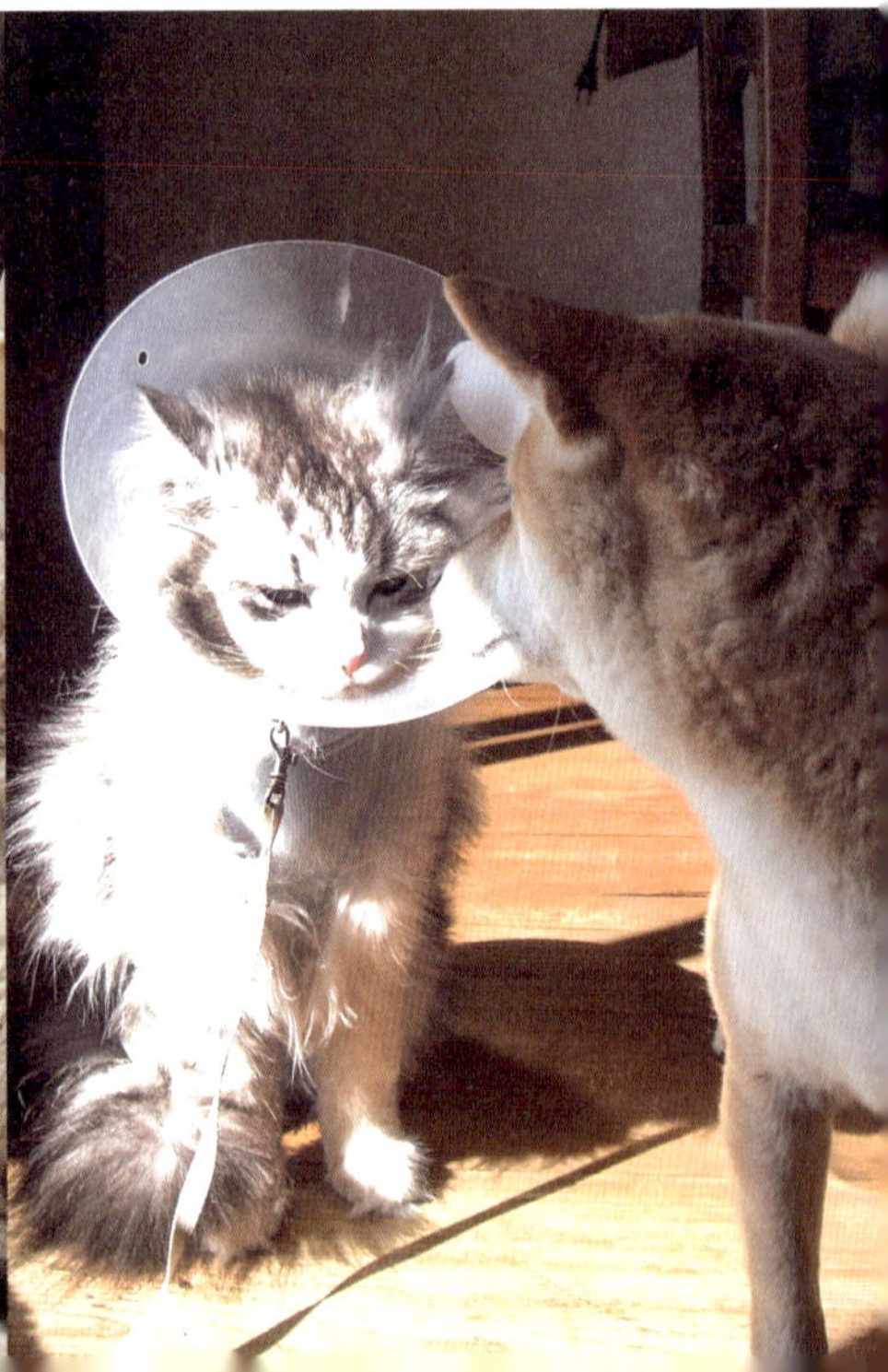

merry christmas!

「おやつちょーだい！」「くれー！」
こんなときはすぐ一致団結☆

センコウ4コマ劇場……2

ゆうパックの住人

ゆうパック。
荷をほどき、片付けようとしたら……。

あれま！　先手を取られました。
そーっと腰をおろして……。

すっぽり。

気に入って、
今日はずーっとゆうパックの住人。

「入ったまま、ゆうパックごと動く」
という技を発見し
ガサガサ、ガサガサと
大きな音をたてて部屋中を移動。

センパイにも果敢に接近！
覗かれてすごくうれしそう。

「や〜ん！」
逃げるセンパイをどんどん追いつめる。

「このふくろねこ、
なんとかならないかちらー」
センパイは困っています……。

コウハイ、ピンチ！　その1

あれは2012年の春先のこと。夕方「ただいまー」と帰宅すると、あれれ、様子が違う。いつもなら「おかえりおかえりー！」とセンパイとコウハイ、ふたつの毛糸玉が転がるように飛び出してくるのに……。その日は、大きな茶色い毛糸玉ひとつしかやってこなかった。

玄関に立ったまま、家の中を覗《のぞ》くと、壁にぴったりくっつくようにコウハイがいた。丸まってやけに小さく見える。「コウちゃん！」声をかけると、こちらを向くものの目に力がない。はは〜ん。さては、いたずらが過ぎて、センパイに教育的指導を受けたに違いない。「センパイに怒られたの？」そう覗き込むと、コウハイは「いや、その、ニャんつうか……」と目をそらす。

ほどなくお食事タイムとなり、2匹はそれぞれ自分の定位置についた。「よし！」の合図で食べはじめ、いつもなら「ガツガツ、カッカ」（センちゃん）、「カリ、カリカリ」（コウちゃん）の二重唱になるはずが、うーむ、今日はハモらない。見ると、コウハイはごはんの前でスタンバイはしているもののひと口も食べていないのだ。「食べたい気持ちはあるんだけれど、どうにもこうにも食べられないんでやんす」という表情。さすがの私も「これはただごとではないな」と気づき「コウちゃんが食べないのなら、あたちが食べてあげますよー！」センパイだけが色めきたった。

その夜、コウハイはぼ〜っと宙を見つめたり、気配を消して物陰に隠れたり、横になって少し眠ったり。そして二度ほど吐いた。日頃、寝力《ねぢから》は誰にも負けない私だが、この夜ばかりは熟睡できなかった。少しウトウトして、目が覚めたらコウハイの様子を見て、眠っている姿にほっ。念のために耳をそばだて心音を確認、「生きてるー！」と一喜。そして、コウハイが目を覚ましているときは、なでながら「コウちゃんにはみんながついてるよ〜だいじょぶよ〜」と声をかけた。

いつも冗談に「犬も猫もそろそろコトバを話してくれないかなー」と言っているけど、

このときばかりは「少しでもしゃべって！」と心底思った。「おなかが痛い」とか「昼間、へんなもの食べちゃったー」ひとことでもいいからしゃべってよ……。いくら考えても現実になるわけがないけど、そんな妄想をして現実逃避。時間をやり過ごし自分を慰めた。でも、私が心細そうにしていると、横にいる2匹にもその気持ちが伝わってしまうから、極力明るく冷静に……。

長かった夜が明け、私は診察時間を待ってコウハイを病院に連れていった。動物病院は、ワクチン接種と、去勢手術のときとこれで3回目。あまりにぐったりしたコウハイを見て、院内のスタッフがわらわらと集まってきた。

「あらあら、コウハイちゃん、いつもの元気はどうしたの？」

「コウちゃん、つらそうだねぇ。どうしたのかな？」

先生は、やさしく話しかけながらコウハイを診てくれた。まずは外傷がないかを確認し、おなかを触診。口の中を見ても、コウハイは無表情で無抵抗、耳と目だけをときどき動かす。撮ったレントゲンを見ながら診察結果を聞いた。

「何か、胃から小腸にかけて通過障害があるようですね」と獣医さん。しかしレントゲンからは明確な異常が見当たらない。食欲もなく弱っていく一方なので、とりあえず脱水症状に陥らないよう皮下点滴を。胃の中の異物を溶かす薬と胃腸薬を処方してもらい、もうしばらく様子を見ることとなった。

そして翌日。食欲もないまま、水分も摂《と》らず、気配を消してただじっと苦痛に耐えているように見えるコウハイ。状況が変わらないので、もう一度診察へ。再度レントゲンを撮り、次にバリウムのようなものを飲ませ、数時間かけて胃腸の動きを診た。その結果、飲んだものが腸の上部1／3までしか流れていかないことが判明。ここに何かが詰まっているようだ（獣医さんは、断言まではしないのだけど）。

「やんちゃな子猫などに、遊んでいて勢いで何かを誤飲してしまう子がいます。でもそれが金属でない限り、レントゲンなどにははっきり写らないんですよ。コウハイちゃんの昨日と今日のレントゲンを見比べると、小腸の同じところにうっすらと影が写ります。これが誤飲した何かの可能性がありますね。もうしばらく様子を見ますか。それとも、手術、しますか？」

獣医さんの説明はとても明解だ。はわわわ、どうしたらいいの？　こんな重要な決断を迫られて、私の心はじたばた。しばらく間をおいて「じじゃあ、しゅ、手術、お願い、し……、ま、す」歯切れ悪く答えた。

「わかりました。手術するなら、早いほうがいいですね。それだけコウハイちゃんの苦痛が早く治まりますから。検査中も、弱っているのに、コウハイちゃん、んるるー、るるーと文句言っていましたよ。気力はありますね」

「は、はいーっ。よろしくお願いします」

手術は、病院の診療時間後、夜の9時頃からはじめることになった。

私は、いったん帰宅して、手術終了の連絡を待った。「コウちゃん、大丈夫だからねー。しっかりねー。がんばるんだよー！」と気持ちのエールを送りつつ、脳内に浮かぶ一万円札が羽をつけて飛んでいく図を振りはらう。「ええいっ、今はコウハイの健康が最優先。お金はなんとかなるわーん」。泣きたいけれど、今大切なのはコウハイの命。

こうなったら、やけっぱち。

11時過ぎ、病院から電話があった。

「手術、無事終了しました。コウハイちゃん、がんばりましたよ。まだ麻酔で眠っていますが、会いに来ますか」

「い、行きまーす！」

私はセンパイを荷台に乗せ、動物病院まで自転車を飛ばしました。

大丈夫？　コウハイピンチ　どうしよう

コウハイ、ピンチ！　その2

首にはエリザベスカラー、筒状の包帯に穴を開けたような服を着せられ、右前脚には点滴……。手術を終えたばかりのぐったりとしたコウハイの姿に、私の膝はガクガク。「コウちゃーん！　コウちゃん大丈夫？」「がんばったねー！　えらいねー！」

気持ちを振り絞って声をかけた。

コウハイはただならぬ気配と声に目を覚まし、私をチラ見。「はいはい、聞こえてます。でも今は、静かにしてほしいでやんす」と迷惑そう。そして、センパイにも気づき、「ねえたん、来てくれたでやんすか。かたじけない……」と頭を少し持ち上げ黙礼。なんだか態度に差があるよ。センパイは、眉間を寄せて深刻な顔でコウハイをじっと見つめていた。

とりあえず、コウハイの姿を見てひと安心。別室で執刀した先生から説明を受けることになった。

「コウハイちゃん、よくがんばりました。手術は約2時間かかりましたが、すべて順調でしたよ。開腹して異物を取り出しました。腸に詰まっていたのは……」

ごくり。私は身を乗り出した。

「腸に詰まっていたのはこれでした。約2センチくらいの、梅干しの種でした」

ちょっと待って、なんですと?

「えーっ!　梅干しの、種、デスカ〜?」

慌ててへんなイントネーションになったが、先生はたんたんと続けた。

「コウハイちゃんの腸には梅干しの種が詰まり、管に栓をしたような状態になっていました」

一瞬、受け止められなかった。私は戸惑いと疑問を先生にもうひと押し。

「いや。あの、梅干し、うちではここ何日も食べていないし。ほ、ほんとですか?」

我ながらしつこい。しかし、先生は「いつ飲み込んだのかはわかりませんが、飲み込んでも消化されずに、ずーっと胃の中で浮かんでいたということも考えられます。胃から腸に流れ出して途中で詰まったんですね。だから胃の中にある間は、ときどきチクッと痛むようなこともあったかもしれませんが、それほど影響がなかったんだと思います。果物の種を誤飲するのは食いしん坊の犬にはときどきあるケースですが、猫で種を詰まらせたというのは……私にとっては、はじめてです」

はぁ……。コウハイよ、またひとつ伝説を作ってしまったようだね……。ともあれ、コウハイは痛みにも耐え、手術も無事成功。梅干しの種も取り出して、あとはじっくり静養して回復を待つばかり。このまま順調にいけば5日後くらいには退院できるらしい。

遅くまで残ってくれていたスタッフのみなさんに感謝を伝え、この日が結婚記念日だった院長先生にも「お騒がせしました……」とお詫び。そして、コウハイのケージの下に入院中だったラブラドールのイネットさんに「うちのコウちゃんをよろしくお願いします」とあいさつし、家路についた。

夜の商店街をセンパイとの帰り道、3月の夜風に頬を撫《な》でられ、少し冷静になった私は、安堵《あんど》とともにじわじわと腹が立ってきた。「まったく人騒がせなコウハイめー。この大騒ぎの原因が、梅干しの種だったとはー」センパイに言うでもなく声に出して呟《つぶや》いた。とはいえ、まぁ、こんなふうに怒っていられるのもコウハイが無事だったからこそ。いやになっちゃうなぁ。いやになっちゃうけれど、無事でいてくれてよかったなぁ。本当によかったなぁ……。

翌日から、私とセンパイはせっせと面会に通った。コウハイは若いからこその回復力を発揮、的確な診察とケアのおかげで、どんどん元気を取り戻していった。2日目には点滴も取れ、3日目には看護師さんに「遊んでくれー！」とケージの中から猫パンチでアピール。4日目には食欲もまんまん、おしゃべりも増えた。

病院までは歩いて20分。空気は冷たいけれど、センパイがいるから寒くは感じなかった。コウハイは、痛みもなく温かい病室で眠っている。眠って眠って、身体を癒している。そして、目覚めたときにはまた前より少し、楽になっているはずだ。それだけでうれしい。それだけで私は幸せだった。

そして5日目、コウハイは予定通り退院できることとなった。

またひとつ コウハイ伝説 できました

コウハイ、ピンチ！　その後

術後の経過も順調。コウハイは予定通りの退院となったが、「よかったよかった。さぁ、おうちに帰ろう」と感無量なのは私のほう。5日間の入院生活、コウハイは、看護師さんたちにやさしくしてもらってまんざらでもなかったのか、ベッドに頬をすりすりさせて名残り惜しそうにしていた。

病室から診察室に移り、エリザベスカラー姿のコウハイとともに、獣医さんからこれからの説明と注意を受けた。

「経過を見ながら約1週間後に診察し、問題がなかったら2週間後に抜糸します。そして……」

先生の声のトーンが変わったので、「おっ」と緊張してスッと背筋を伸ばす私。先生は続けた。

「脅かすわけではありませんが、誤飲をする子は、必ずと言っていいほどまたやります。誤飲を繰り返しますから十分に気をつけてくださいね」

私は驚いた。そうなの？　この5日間何も食べられず、つらかったり痛かったりして一番大変だったのはコウハイなのに。とてもつらそうだったのに。猫って、学習しないの？　懲りないのかな？　解《げ》せない私に先生は言う。

「猫の記憶には、楽しいことだけが鮮明に残ります。コウハイちゃんには、梅干しの種(とは思っていないはずだけど)を転がして遊んだなー。いろんなところに転がっておもしろかったなー、という記憶だけが残るんです。楽しかったあとに、痛くなって大変なことになった、入院して手術したということはすっかり忘れてしまうんですよ。だから、またどこかで梅干しの種を見つけたら〝あ、これ、おもしろいやつだ！〟と思い出して、喜んで遊びます。猫とは、そういう生き物なんですよ」

先生の言葉に驚き、と同時に私は心を射抜かれた。猫って、なんて素晴らしいの！　嫌なことは忘れて、楽しいことだけを記憶に残して生きているだなんて！　そうなのかそうなのか。ということは、コウハイの記憶には、子猫の頃の「公園に捨てられて寒かった」とか、「体調が悪くなって死にかけた」という体験は、「助けてもらって毛布に包んでもらって暖かかった」とか、「一晩中マッサージしてもらって気持ちよかったニャー」というハッピーに自動変換され置き換えられているということか。ニャンとすごいなぁ。猫って、楽しいことだけを思い出にして生きている。

そんなことをうっとり考えてる私の顔を、先生は心配そうに覗き念を押す。

「ですから、飼い主さんが本当に十分注意してあげてくださいね。モノを出しっ放しにしないとかゴミ箱にフタをするとか、もう一度家の中の環境をチェックし、整えてくださいね。それから、また万が一に備えて保険のことを考えるとか」

はは い〜っ、もう本当の本当に気をつけます。これ以上、コウハイの身体も私のお財布も痛まぬように。

5日ぶりに家に戻ってきたコウハイは、手術後と同じく傷口を覆える包帯のような服(服のような包帯?)を着て、エリザベスカラーも装着。痛々しく見えるけれど、本猫はさほどでもないよう。こちらとしては「これでは元気に動けないねー」と気遣うが、キャリーバッグをリビングの床に下ろすと、コウハイは月面着陸第一歩みたいに、ゆっくりゆっくり有り難い感じで、歩き出した。そして、じっくりと時間をかけて丁寧に家中をパトロールしたのち、センパイのベッドで寝てしまった。そしてこんこんと眠り続けた。家に戻ることができて安心したのかな。やっぱり不安で緊張していたんだね。眠っている横顔が少しオトナっぽく見える。

自分のベッドではなくセンパイのベッドで寝た、というのがちゃっかりもののコウハイらしい。センパイも「ま、まぁ今日だけはコウちゃんに貸してあげます」と譲る。「コウちゃん、いつもいたずらばかりでうるさいけれど、いないと少し寂しかった」なんて思ってくれている？

退院後のコウハイは、センパイに甘えるようにべったり。コウハイが体調を崩してからの数週間、様子が違うコウハイをそっと見守っていたセンパイ。そのまなざしは静かで深くやさしく、我が家ではセンチンゲールと呼ばれていた。

もう やめてて 梅干しの種 憎らしい

理想の体重を目指して？

「動物愛護感謝デー」という催しがあり、センパイと一緒にセラピードッグのキャンペーンガール（？）として参加していたときのこと（ちなみにセラピードッグとは動物介在活動に参加している犬のこと。犬とふれ合うことで情緒の安定を目的とし、病院や老人福祉施設などに出向き活動を行う。センパイも何度か参加していたのです）。

ひと休みしながらふと会場を見渡すと、行列ができているブースがあった。気になって、センパイを連れて見に行くと、そこは「有志の看護師さんたちが犬の体脂肪率を計ります」というコーナー。偶然にも顔見知りの看護師さんもいて、「あらあらセンパイちゃん！　センパイちゃんも並んでね」と促され、体脂肪率を計ることになってしまった。実は、ここしばらく体重を計ることを避けてきた。なのに、神さまのいたずら？　こんなところで……。

順番を待ちながら私はどきどき。心の準備をしようとするも、いろんなことが浮かんでは消える。そういえば少し前、前作を読んでくれているという方にお会いしたとき、「センパイって、写真で見るより小さいんですね。イメージしていたのより、小さいわ。そしてもっちゃりしていますね」なーんて言われたなぁ。

以前、映画『子ぎつねヘレン』が公開された頃は、散歩ですれ違った小学生に「あ！ヘレンだ！」と子ぎつねに間違われたこともあったなぁ。あの頃は、まだ痩せていたんだなぁ。でも、センパイ、じわじわ太ってきてるよねぇ。ストレス太り？　幸せ太り？成長期が止まらない。

並ぶこと数分、センパイの番となった。

「はい、センパイちゃんね。あれ？　んー。ん？　あらぁ……」

看護師さんの声のトーンが下がる。

「センパイちゃん、意外に……。ねぇ。犬の理想的な体脂肪率は20％前後。でも室内で飼われている犬は、だいたい30％前後が平均なんですよ。センパイちゃんは……、うーん……、36％よ！」

くーっ、やっぱり。というか、想像以上！

「センパイちゃんは、柴犬にしては顔が小さめ。その骨格のバランスからして、もう少し痩せたほうがいいですよ。今後、加齢により腰に負担がかかることもあるので、今のうちに痩せることを意識してくださいね」

的確なアドバイスを受けた。ほんとうにそう。その通り。わかってはいるのです。

その後、セラピー仲間や知人の愛犬たちも次々に体脂肪率を計ったが、センパイより高い子はほぼいなかった（1匹だけいたのは、体脂肪率42％のミニチュアダックスフント。でも16歳という高齢犬で、生きているだけで褒められていた）。

「さささんじゅう、ろく、ぱーせんと……」心の中で繰り返し、しょんぼりしている私を、センパイは「何か、おいしいものちょうだい？」という目をして見ていた。

犬は、生後1年くらいで成犬の体型になるそうだ。そういえば、獣医さんに言われたことがあったっけ。あれはセンパイが1歳半、春のフィラリア予防薬を処方してもらうときだったか。

「体重は、4・7キロです。豆柴は、予想以上に大きくなってしまうこともありますが、今のセンパイちゃんは理想的な体型ですね。1歳の誕生日を迎える頃の体型を生涯維持するのがいいと言われていますよ。この調子でがんばってくださいね」

その言葉に気を良くして、つい油断して脇が甘くなり、1年で1キロ太らせてしまったことがあった。そして、前出の獣医さんに「犬の1キロは、人間の10キロですよ！」と脅かされ、慌てておからダイエットして少し痩せたけど、結局、あれからどれだけ痩せたり太ったりしているのか。それなりに気をつけてはきたつもり。なのに、体脂肪率36％とは。

コウハイも最近「大きくなったね！」とか「あれ、こんなに大きかったっけ？」と言われる。我が家には、動物が成長しすぎる菌が蔓延《まんえん》しているのかな。いえいえ、ついおやつなどを与えすぎているのかもしれないなぁ……。

センパイは、口に入って食べられるものならなんでも食べる。「いつでもなんでも食べたい」という強い強い意志を持っている。私たちが食事しているときも「おいしいもの落ちてこないかなー」と、テーブルの下に待機。お菓子の袋を開けただけで「何食べるのー？」と飛んでくる。子犬の頃からそうで、あまりにしつこいので根負けし、つい、茹《ゆ》でた野菜や豆腐、ヨーグルトや食パンの耳など、健康に影響なさそうなものをほんの少し与えるようになっていた。そのクセがいまだ抜けず、というか、今ではそれが当たり前のルールのようになっている。

そういえば昔、「ちょっと待て、そのひと口がブタになる！」っていう標語（川柳？）が流行《はや》ったけれど、たしかに〝そのひと口〟が犬をブタにしているのかもしれない。コウハイも「センパイにならえ」の精神で暮らしているので、当然何でも欲しがる。そのひと口は、猫もブタにする。

そうだそうなのだった。犬猫たちだけに厳しくしても意味はない。「ペットは飼い主の鏡」だというし、私の気持ちから引き締めなくては。

センパイのこともコウハイのことも毎日見ているから、見る目も麻痺《まひ》してしまうのもたしか。ときどき「あれ？　センパイ、太った？」と思っても「いや、冬毛になってきたからだね～」と解釈したり、コウハイを抱き上げて「重たくなった？」と感じても、

「あ、食べたばっかりだからか〜」と妙なこじつけで納得してしまう、言いわけがましいけれど……。散歩を強化したらいいのかなぁ。でも、コウハイの場合はどうしよう。
私の気持ちは行ったり来たり。

ダイエットで　それより　たらふく食べたいな

撮られるの、嫌いじゃないんです

２０１２年の秋から冬にかけて、ありがたいことにセンパイとコウハイの取材が続いた。とはいえ、センコウがインタビューに答えることはない。質問を受けて答えるのは私で、私が取材を受けている間に、部屋にいるセンパイとコウハイをカメラマンが撮影してくださる。

もともと我が家は、来客が多い。人が何人来ようがセンパイもコウハイも動じない。お客さまはもちろん、郵便屋さんも宅配便も、ヤクルトさんも大歓迎。インターホンが鳴り、ドアを開けると、まずはセンパイが「いらっしゃ〜い！　待ってたワ〜ン！」と飛び出し、コウハイは「よく来たニャ。おまえは誰ニャ？」という顔で、玄関マットの上で待ち構える。誰が来ても緊張しない。

センパイは撮影されることにこだわりがあって、「あ、カメラはそこね」と自らカメラに目を向ける。常にカメラ目線。「センちゃん、それではいつも同じ表情になってしまいますよ」、ステージママよろしく私が言っても、「いえいえ、あたちはこれで」と、視線を決して外さない。「アップは右方向からしか撮らせない」という女優さんがいると聞いたことがあるか、センパイ、まさかの女優気取り？

しかし、撮影してくださるカメラマンのみなさんこそ、プロ。カメラを構えるのをやめ、センパイに「あ、もうおしまいね」と思わせておいて、緩んだ表情をパチリ。「悪いけど、センちゃんにはあんまり興味ないのよね〜」というオーラを出しつつ隙を見てパチリパチリと撮る人も。犬や猫が好きそうなおもちゃを持参して、ピーピーと音を鳴らして遊びながら撮影してくださる方もいた。

とにかく、かまってもらえるし、たまにおいしいおやつをもらえることもあるので、センパイは撮影が好き。

一方「猫は、犬と違って食べ物でつられない。気まぐれだし、撮影は難しい」という定説があり、私はコウハイに関して取材は受けられないと思っていた。

しかし、センパイの取材中、ふと気づくと撮影している横に「しらー」とコウハイがいたりする。「コウちゃん、何まったりしてるのよ？　しかも撮影中の今、なぜ、ここで……」そう聞いても、コウハイは「ニャんのこと？」ととぼけ顔。「ちょっと考えごとしててさ。ん？　あれれ、ボクはたまたまここにいたんだけど、みなさん、何かやってたのかニャ？」コウハイがおしゃべりできたら、きっとそんなふうに言う。

テーブルの上で、小さな雑貨などを撮っているときも、カメラマンがふと手を止め「レンズを覗いていて、視線の隅で何かが動くと思ったら、コウハイちゃんのしっぽでした」なんてことや、撮影するはずのペンケースが見当たらなくなって、「どこへやった？」とみんなで捜したら、コウハイがその上に座って隠していたこともあったっけ。

飼い主として「犬や猫の気持ちを尊重したい。あまり無理はさせたくないな」と思う。しかし同じような仕事をしている者として「こんなページにしたい、こんな写真が撮りたい！」という思いもよくわかるので、その希望に応えたいという気持ちにもなる。

犬や猫は、飼い主の感情を察知する。たとえば撮影中に、私がカメラマンのリクエストに応えようと「セン（コウ）ちゃん、一瞬でいいから言うこと聞いてよー！　お願いー！」と焦ったりすると、それを感じ取りセンコウも「あわわわ、ゆっちゃんが、イライラしてるよ〜」と落ち着きを失う。そうするとますます上手《うま》くいかなくなるのだ。私はその状況に陥るのが怖い。

センパイは撮られることに慣れている。鈍感力を発揮して、どんな悪条件でもほぼイメージ通りの仕上がりとなる。マイペースなので、がんばりすぎることもなく撮影中も飽きたら居眠り。そこもご愛嬌《あいきょう》。

センパイを撮っていたら、コウハイが入り込んで写っていたり、取材に集中していたら、おやつを盗み食いしたり。コウハイは、そんなアピールをするも気まぐれ。稀《まれ》にすごくいい写真が撮れることもあるが、よく撮れないことも多く、一種の賭けとなる。

撮影のあとはおやつを奮発。ごはんもドライフードの上に茹で野菜や納豆など、センコウの好物をトッピング。これが私からのせめてものお礼。

撮影が済んだらよろしく散歩とおやつ

いやな予感……？

ずり、ずりずり……。
怪しい音をたてて、赤いダンボール箱がセンパイに近づきます。

「なんか、いやな予感がするわー」
とセンパイ。

うぅ〰〰〰〰、わ———っ！

びっくり箱から、猫が飛び出したよー！
センパイは顔色ひとつ変えません。

再び　うぅううう〰〰〰〰

わ———っ！（目一杯）

センパイ「…………」
「ねえたん、手強い……」
すごすごと退場するコウハイなのでした。

コウちゃんハウスの屋上で、下界を見下ろす昼さがり……。
ぬいぐるみの犬を家来にして。

ある日のかくれんぼ。
「コウちゃん、隠れているつもり？　見えないことにしてあげるワン！」

「これ、ボクのだよ！」「あたちのよ！」
いえいえ、これは人間のものですよ……。

「お加減どうニャす？」
ジュリちゃん見守り隊・会員NO.２ コウハイ。

「だいじょうぶ？」センチンゲールのやさしいまなざし。

亡きジュリの傍にずっといたのはコウハイでした。

オオカミに変身

フリマでの戦利品……。
扶養家族が増えました。

なんだか頼りになりそうな。
でもね、じっくり話を聞いてくれそうで。
ひと目惚れしました。

チェック！　チェック！　チェック！
２匹が念入りに取り調べ。

センパイが突然……。
きゃーっ！　クマコビッチ、逃げて！
オオカミに変身しました。

センパイがオオカミに変身した
瞬間をどうぞ。

悪！

ある日突然、2匹の猫がやってきた　その1

「ま、また猫……?」センパイの顔にはそう書いてある。

冬のある日、我が家に2匹の猫が来た。オットの母と暮らしているボンボン(♂)とジュリ(♀)。コウハイがやってきて1年が過ぎた頃のことだった。

実はこの2匹、義母のもとで暮らす23歳の超高齢兄妹。数ヶ月前から妹のジュリが風邪をこじらせ肺炎になり「あと数日」と余命も宣告された。しかし、奇跡的に生きていてくれた。

義母は、70歳を過ぎた今も現役で働いている。忙しさと体力的なことから「ジュリを思うように看病できない」とSOS。急遽《きゅうきょ》、我が家で預かることになったのだった。ボンボンとジュリ、そして、センパイとコウハイ。我が家は一気に2人と4匹の大家族になった。

ジュリは重篤な状態なので、環境の変化を気にする余裕はないようだったが、ボンボンは「ったく、なんだ！　ここはどこだ！　なんでこんなところに連れてきたんだよ！　ふん！　ふん！」ふてくされて悪態《あくたい》つき放題。でもまぁ、気持ちもわかるので「ごめんごめん、ボンちゃん。これ、食べる～？」などと猫用チーズを差し出し、私も弱含みで仕える。「ふん！　なんだこりゃ！　うまいじゃないか！　まったく、ふん！」怒りながら喜ぶボンボン。竹中直人みたいだ。

新入り老猫たちと先住犬猫。2日間ほど別の部屋に隔離していたが、ずっとそのままにしておくわけにもいかず4匹顔を合わせることにした。ボンボンは、最初が肝心とばかりにシャーシャー威嚇。でもセンパイとコウハイは、いばりん坊のボンボンよりもジュリの殺気だった闘病の姿に度肝を抜かれた。そして「ただごとでない」ことを理解。「なな、なんか苦しそうだよ」「このおばあさんを助けてあげなくちゃ！」と、戸惑いつつも受け入れた。

ジュリは、近所の獣医さんに連れていったものの「年齢、体力的なことも考えて、心身の負担になる治療はせず、苦痛を軽減する処置をして見守りましょう」ということになった。その日から私はジュリのしもべにもなり、寒くないようにあれこれと寝床を整え、流動食を作り口元まで運ぶ。

そんな光景を遠巻きに見つめるふたつの影……。そうなのでした、センパイとコウハイは、どうにもおもしろくない。「あのおばあさんがすごく大変そうなのは知ってるの。でも……」センパイがそう言えば、「ねえたんの気持ちはよーくわかるニャ。ボクはあのじいさん、気に入らニャいよ」とコウハイ。気がつくと、センコウは身を寄せ合ってどんより。

あれれれ……！　でもセンパイとコウハイ、ボンジュリが来て前より仲良くなってない？　何かあるとコウハイはすぐにセンパイにほうれんそう（報告、連絡、相談）。作戦会議か、よく2匹で話し合うようになり、「ねえたん、あのじいさんが……」と、コウハイはボンボンのことをセンパイに言いつけ、そのやりとりもぼやき漫才よろしく、息もぴったり。ボンボンにモノ申すコウハイをセンパイがたしなめ、その場を収めたこともあった。思い返せば、夜、同じベッドに入って寝るようになったのもこの頃から。

そこで2匹が落ち着いているときを見計らい、じっくり話し合う。

「センちゃん、コウちゃん。突然、猫のおじいさんとおばあさんが現れてびっくりしたよね。私もびっくりしたよ。でもさ、いろいろ事情があるのよ。だからさ、我慢してください。ボンジュリがいつまでいるかわからないけど、みんなで助け合って少しずつ慣れていこう。今はジュリちゃんをみんなで看病して、一日でも長く穏やかに暮らしてもらうのが一番大事。ね、よろしくお願いします」

「うん、わかったニャ！　おばあさんを応援するニャ！」こんなとき素直に聞いてくれるのはコウハイ。いたずらっぽい目をクルクルさせて、私の足元で無邪気にじゃれる。

センパイは深いため息をついた。私の目を見ようとしない。これは「了解したけど、納得はしていませんから」の意思表示。でも、どうにもならないことも理解していて「嫌だけど協力はします……」としぶしぶ同意してくれた（と思う）。

ジュリはほぼ眠っていたが、ときには日なたに出てみたり、センパイやコウハイがお見舞いするのをまんざらでもなさそうにしている。ボンボンだけはゴーイングマイウェイ、センコウと私は、ジュリを看病するチームとして団結した。

前途多難……。しかし、このままなんとかこのメンバーでうまく暮らしていかないとね。ジュリに安心して過ごしてもらうためにも……。

突然の老猫2匹に一致団結

ある日突然、2匹の猫がやってきた　その2

センパイとコウハイ、23歳の老猫・ボンボンとジュリ。時間が過ぎて、それぞれの気持ちも収まり、犬1猫3人2の暮らしにも少しずつ慣れてきた。コウハイは心細いのかセンパイの後ろをくっついて歩き、2匹は団結していつも一緒。ボンボンは頑固じじいライフをマイペースで満喫、気がかりなのはジュリの容態……。

なにせ体温が34~35℃と低いので、とにかく温かくなるように工夫した。100円ショップでフリース地のレッグウォーマーを買い込んで、ジュリに着せる服を作った。ベッドにも毛布を何枚か重ね、湯たんぽを入れた。しかし「今日のジュリは調子良さそう」と安心していたら急に呼吸が荒くなったり、油断できない日々だった。

そんな中でも天気のいい日には、ジュリのベッドを移動して、センパイとコウハイと並んで日なたで昼寝。寝息がやさしい三重唱となり耳に届く。そして、祈る。こんな静かで穏やかな時間がいつまでも続きますように。

ボンジュリが来て2週間ほど経った日曜日の朝、目を覚まし耳を澄ますと隣の部屋で寝ているジュリの寝息が聞こえた。

「よかった、ジュリは今日も生きている！」

ジュリが我が家へやってきてしばらくは、どうにも心配でオットか私がジュリの横で寝ていた。でも最近は容態が安定していたので、私たちは寝室で寝て、目覚めるとすぐジュリの寝息を確認するのが習慣となっていた。

私は、ベッドの中でジュリの寝息を聞いているのが好きだった。「ジュリ、生きていてくれてありがとう」そう思い、幸せな気持ちでジュリの寝息に耳を傾けまどろんでいたとき、音が止《や》んだ。

誰かに音を吸い取られたかのように、家の中の音がスッと消えた。何も聞こえない。つい今まで規則正しく聞こえていたジュリの寝息が、耳を澄ましても聞こえてこない。

「ジュリ？」

私は慌ててベッドを飛び出し、その勢いにつられて、私の傍で寝ていたセンコウも飛び起き転がるようにジュリの枕元へ。

ジュリは死んでいた。息を吸おうとした途中の「はー」と少し口を開けたそのままで。

ボンボンもやってきた。鼻先をジュリに近づけ何かを確認し、そして「ふん」と短く息を吐き、去っていった。それが彼なりのあいさつ。ジュリに背を向けるボンボンの姿に「あぁ、ジュリはもうここにいないんだな。ここにあるのは、からっぽになったジュリの亡骸《なきがら》なんだ」。

ジュリは死んでしまった。目を覚ましすぐにジュリを見に来ていたら、見送ることができたかもしれない。ひとりで逝《い》かせてしまってごねんね、ジュリ。でも、天気のいい日曜日の清々《すがすが》しい朝に、ふらっと散歩にでも出るように逝ったのが、意地っ張りで気高いジュリにふさわしい旅立ちのようにも思えた。

ジュリは、我が家に来る以前から重篤で、食欲もなく呼吸も苦しくつらそうだった。なのに、生きることに迷いもあきらめもなかった。最期まで強気で生きることへの努力を惜しまなかったジュリ。「死ぬまで生きる」その姿は、本当に立派だった。

センパイやコウハイも、そんなジュリの姿から何かを学び、敬意をはらい見守っていた。亡きジュリをリビングで寝かせていたとき、心配そうに覗き込んだりして、ずっと傍を離れず名残りを惜しんでいたのはコウハイだった。

2匹の老猫に戸惑い、覚悟し、試行錯誤した日々。不安で心配で、うれしくて楽しくで、そして悲しくて……。センパイもコウハイもオットも私も、ジュリとボンボンのおかげで少し大人になれた。命尽きるまで生き抜くこと、その尊さを教えてもらった。

ジュリ、看取らせてくれてありがとう。

苦しいも　悲しいも　みな　分け合って

ある日突然、２匹の猫が去った

ジュリが亡くなった日の夕方、義母がやってきた。ジュリの亡骸を義母は抱き上げ、頬を寄せて「ジュリ、ジュリ」とずっと声をかけ、そして何度も「ごめんね」と言っていた。センパイもコウハイもそっとその様子を見守っていた。

本当は、自分で看取りたかったのだと思う。仕事の忙しさとジュリの看病とで、疲労と不安でいっぱいいっぱいになっていた義母は、そんな慌ただしい日々が永遠に続くように思え、苛立《いらだ》ち絶望していたけれど、意外にあっさり幕引きとなった。「ここでお別れとなるなら、最期までジュリを看ればよかった」そう思ったのかもしれない。

犬も猫も人も、生きているものの命がいつまでかだなんて、誰にもわからない。でも永遠ではないのだということをあらためて思った。

さて。もう1匹の老猫・ボンボンは相変わらず。義母がやってきたときも、さほど喜びもしない。「あ、知ってるぞ、このひと、知ってるぞ！　なんだ、なにしに来たんだよ？」という感じ。それでも玄関で出迎えて、ずっと付かず離れずいるところをみると恋しいのかもしれない。センパイとコウハイを仕切り「このヒトの隣はおれの場所だぞ」と言っているようにも見えた。

義母が言った。

「実はね、ボンボンを家に連れて帰りたいの。預けてみたり連れて帰ると言ったり、勝手なことはわかってます。でも、2匹と離れてみてやっと気づいたの。身に沁《し》みました。ボンボンが病気になったりしても、もう手放さないから」

共に暮らした猫を、理由があるとはいえ「預けたい」と言ってきた義母に、オットも私も憤慨していた。そして今度は「連れて帰りたい」と。こんなとき犠牲になるのは動物だ。人の身勝手なふるまいに翻弄されて、ボンボンはどんな気持ちか。

沈黙が続いたが、「今、ひとりで暮らすお義母さんの毎日を思うと、厳しいことも言えないなぁ……」そう思いながらボンボンを見たら、義母に寄り添うようにして寝ていた。その寝顔は、我が家に来てから見せたことがない柔らかな表情。そうか、やっぱりボンボンは帰りたいんだな。

その夜、オットは留守で、女同士、ジュリに献杯。

「悲しいけれど、苦しそうにしていたジュリを思うと、闘病から解放されてよかったね、とも思う。23年間もよく生きてくれたわ」

義母がしみじみと言った。日本酒は悲しい味がした。

ボンボンは義母のリュックサックに入れられて「おい、なんだよー、今度はどこへ連れていくんだー」と文句を言いながら帰っていった。センパイとコウハイと1人と1匹を見送り、私は「年寄り猫まつり、終わったねー」と、誰に言うでもなく呟いた。リビングが前よりがらんと広い。

ボンボンは「要領が悪くてマイペース、ひとりでは何もできない猫だ」と、先に天国に行った義父がボンボン（坊ちゃん）と名付けた。賢くて、いつも毅然《きぜん》としたジュリにどこか気遣いながら暮らしていたが、今では、義母をひとりじめ。食欲旺盛、気まぐれに甘え、ベランダで昼寝して近所を散歩、悠々自適。男ボンボン23歳、なんだかまだまだ長生きしそう。

無愛想でも支え合うふたりかな

＜追記＞

その後、ボンボンは義母と元気に暮らしていましたが、喉に癌《がん》ができ、半年間の闘病の末、２０１３年の大晦日《おおみそか》に旅立ちました。私がボンちゃんに最後に会ったのは亡くなる３日前で、「ボンちゃん、がんばっていて偉いね。ありがとう」そう声をかけると、「ニャ」とかすれた声で、小さく返事をしてくれた。ボンちゃん、あれから２年間も大好きなかあさんをひとりじめできて、よかったね。お疲れさま。

ほんとの気持ちが知りたくて

私が所属する「FreePets～ペットと呼ばれる動物たちの生命を考える会」のイベントで、ハワイ在住のアニマルコミュニケーター・アネラさんにお会いした。アニマルコミュニケーターとは、動物たちと言葉なき会話を交わし、彼らが言いたいことを私たちに伝えてくれる人。ご本人曰く「人と動物の通訳と思っていただくのが一番わかりやすいかな」。

イベントは、ペットの健康や問題行動について専門家にアドバイスをもらう相談会。アネラさんのほかにしつけインストラクターの中西典子さんや獣医師の箱崎加奈子さんも来てくださった。私も中西さんに「センパイが、あまり散歩が好きじゃないみたいで」と相談をした（この話はまたいつか）。でもその日、朝から予約がびっしりで誰よりも忙しかったのは、アネラさん。愛犬の気持ちを知りたいと、彼女のもとへ次々と人がやってくる。

動物たちの言いたいことはさまざま。アネラさんとのセッションを終え、部屋から出てきた人が報告してくれた犬たちの主張は「最近気に入ってるおやつがある。それはきらさないでほしい」「ジャーキーをくれるとき、食べやすいように小さく裂いてからちょうだい」「僕にかぶりものをして、みんなで笑わないでくれ」。飼い主たちは思い当たるフシがあるらしく「あぁ、うちの子が言いそうなことだ」と納得しては一喜一憂。

一番印象に残ったのは、最近、劣悪なブリーダーのところから救出され保護された犬がアネラさんに伝えた言葉。「今の家に来て、ピンクのベッドを買ってもらってすごくうれしかった。毎日そこで眠れるのがうれしい。だって、自分のベッドをもらったのは生まれてはじめてのことだから」私たちまでもらい泣きした。

イベント終了後、その日は慌ただしく解散となったが、アネラさんとはメールのやりとりが続いている。その中で疑問に思っていたことを訊ねた。「あのイベントのとき〝ピンクのベッド〟って言ってた犬がいたけど、犬って色の認識あるの?」彼女の答えはこう。「犬ってモノクロで見えてると言われているけど、〝赤い服が欲しい〟とか、具体的な色で訴えてくる子も多いです。好きな色を持ってる犬もいますよ」。

アネラさんは、アニマルコミュニケートの勉強をしたわけではない。ハワイアン・ヒュメイン・ソサエティーという動物のシェルターで、犬たちにレイキトリートメント（エネルギーのバランスを整える気功のようなこと）のボランティアをしていたとき「その犬がどのような事情でここに来ることになったか、今どんな気持ちでいるか」を、なんとなく感じられることに気づいたのだそうだ。

「言葉で説明するのは本当に難しいんですが、〝最近どう？　元気？〟なんて心の中で話しかけながら施術するんですけど、そんなときに犬から〝今もパパが迎えに来てくれたらうれしいけど、ここも結構気に入ってるよ〟なんて答えが返ってきたり。ごく自然に、気づいたときにはわかるようになっていた、って感じなんですよ」とアネラさん。

彼女の話は続きます。「ある日出勤したら、犬たちがあまりにも落ち着かなくて騒がしいときがあって、犬たちに思わず聞いたんです〝一体どうしたの？〟って。そしたら

〝さっき連れてこられた犬が、病気で酷《ひど》そうだからなんとかしてあげて！〟って言うんですよ。そこで、担当の人に確認したら、今朝、重病を抱えた犬が保護されたって。そして〝そのことをどうしてあなたが知ってるの？〟と逆に質問されたので、〝犬たちが教えてくれたんです〟って答えたんですよ（笑）」。

そんなことが度々あって、動物たちが言っていることを感じられると意識したアネラさん。でもそのことに一番驚いて戸惑ったのはアネラさんご自身で、相当不思議な気分だったそう。「私の言うことを、馬鹿にせずにちゃんと受け止めて、事実を確認してくれたりした周囲の人たちにも感謝です」。そんな話が、アネラさんの近著『犬の気持ち、通訳します。』（東邦出版）に書かれています。

彼女はこんなことも言う「アニマルコミュニケーションは、特別な能力ではなくて、本来、誰もが持っているものなんですよ」。

そ、そう？　誰もが？　私にも？　たしかに飼い主は愛犬が言っていることを、だいたいは理解できると思う。ごはんのあとに、私が「おいしかった？」と聞くとセンパイは舌をペロッと出す（不二家のペコちゃんのように）。これは「おいしかったよ！」って言ってるし、腰を下げて前脚をバタバタするのは「ボールしよう！」と誘う合図。あ、でもこれはボディランゲージ？　ともあれ「遊びたいの？」とか「何か食べたいのね」（センパイはこの欲求が98％）はわかる。あとはその犬や猫が今「快」か「不快」かは感じられるかかな。科学的な根拠もないし答え合わせができないことだから確信は持てない。でも、感じる……。

そう考えてみると、持つべきは相手への敬意、受け入れようとする柔らかい心。直感を素直に信じることがアニマルコミュニケーションを可能にするのかもしれない。まずは、周囲のことや自分の都合を取り払い、動物と素直な心で向き合う練習をしてみよう。

センパイとコウハイもいつかアネラさんにお会いして通訳をしてもらえる機会があるかな。楽しみだなぁ！　あ、でも「ゆっちゃんは、朝、なかなか起きてこないのよ」「うちには他人には見せられない汚部屋があって、探検しがいがあるニャ」なんて直訴されるかも。それもまたよし。センパイの気持ち、コウハイの気持ち、知りたい感じたい。そしてもっと仲良くなりたい。

センコウのほんとの気持ち聞かせてね

■FreePets は、「ペットと呼ばれる動物の命や幸せに責任を持つのが当たり前」という空気を世の中に広げていきたいという目標を持って活動している一般社団法人です。
http://freepets.jp/

犬の親戚できました

「センパイちゃんは、うちの犬の妹ではないでしょうか？」というファックスが新聞社に届いた。２０１１年の秋、朝日新聞の人気連載『かぞくの肖像』にオットとセンパイが出た直後の出来事。担当してくれた記者さんも「こんなことははじめてです」と驚いた。

センパイは３匹（オス２、メス１）で生まれてきた。私がセンパイと出会ったのは、２００５年の秋。当時、伊豆にあった「ドッグフォレスト」という施設でのこと。「生後２週間の豆柴がいますよ」と促され、「わぁ、会いたいです！」と軽い気持ちで答えた。

バックヤードから連れてこられたのは、２匹の豆柴兄妹（オスの１匹は母犬のもとに残されることが決まっていた）。むっくむくの子犬、どちらもまだ手のひらサイズ。「あわわわ〜！」抱かせてもらうと、その愛らしさで全身がこそばゆくなり、一瞬で恋に落ちた。2匹のどちらかを選ぶなんて酷な話だったが、メスのほうがひとまわり小さくて「マンション住まいには向いているかも」と、メスを引き取ることに決めたのだった。そして、あのときにいたオス豆ちゃんの飼い主さんとなった方が、偶然、記事を読んでファックスをくださったのだ。

ドッグフォレストには「生後3ヶ月は母犬から子犬を引き離さない」という理念があった。それは「母子犬が共に過ごす中で、犬社会について自然に学び、甘えることで情緒が安定する」から。だから、センパイはうちに来るまで、お兄ちゃん犬と暮らしていたのだ。ふたつのぬいぐるみが転がるように、いつもあとをついて遊んでいたらしい。

寝るときも一緒に寝ていたが、それぞれの引き取り宅へ行く日が近づいてからは、1匹ずつで眠る練習をした。しかし、センパイはお兄ちゃんと離れたことが心細くて寂しくて体調を壊したりもした。

あれから6年。センパイ、お兄ちゃんのこと覚えてる？　お兄ちゃんが大好きだったのだから、センパイもきっと会いたいよね。いやいや、もう忘れちゃっているかなぁ。

ファックスには「私の家にはオスの豆柴がいます。センパイちゃんと同じ年齢、生まれた月も一緒。出会ったのも同じ、伊豆にあったドッグフォレストでした」と書いてある。そして「センパイちゃんは、我が家の愛犬・麻呂にそっくりです！」とも。

「そっくりなのかぁ」「センパイにそっくりのオスがいるんだねぇ。麻呂くんっていう名前なんだね」、オットと私は何度もそう言って、甘くときめいた。「センパイと同胎の犬がいる」そのことがこんなにもうれしいだなんて、自分でもびっくりだった。


その後、新聞社から教えてもらい先方に連絡してみると、やはり麻呂くんとセンパイは兄妹だという確信が持てた。メールにはこうあった。

「あの日、新聞を読んでいた主人が、写真を見て〝あ、麻呂だ！〟と叫んだのです。それくらいセンパイちゃんと麻呂は似ています」

そうか、そうなのか。そんなに似ているんだなぁ。想像しただけでもたまらない。会いたいなぁ。会ってみたいなぁ！

連絡を取り合ううちに、近いところにお住まいとわかり「ランチでもしませんか」と申し出ると、お兄ちゃん犬・麻呂くんのご家族も喜んでくださった。いよいよ会える。

ある晴れた土曜日、予約しておいたカフェにオットと私、センパイで入っていくと、「まぁ！」なんとも神々しい柴犬が1匹。「麻呂くん？」「そうです！　センパイちゃんですね。お会いしたかったです！」と、私たち飼い主は、犬の気持ちになって会話した。

麻呂くんは、ご主人と奥さまの2人と1匹暮らし。離れて暮らすご子息の家族がときどき遊びに来るそうだ。みんなにかわいがられていることは麻呂くんを見ればわかる。愛されているという安心感が明るくて穏やかなオーラとなり、落ち着いている。おっとりやさしいジェントルワンだ。

柴犬にしてはまあるい目、マズルは長いけど横幅がある輪郭……、麻呂くんとセンパイは本当にそっくり。「ちょっとぼんやりしている」「犬より人が好き」「散歩より昼寝が好き」「食いしん坊」などなど、性格的な共通点もいっぱい。柴犬なのに精悍《せいかん》さはあまりなく、おっとりした雰囲気もそのまま同じ。

当の犬たちは、「ん?」「んんん?」何やら知ってるような〜、でも全然知らないような〜という感じ。しかし、初対面の犬となかなか仲良くできないセンパイなのに、麻呂くんには興味があるようで「ねえ、遊ぶ?」「遊ぼ!」と誘ってみたり。「あたちのお兄ちゃん!」とわかってはいないと思うけど、でも何か、他の犬とは違う親しい感情を持ったように見えた。

じゃれ合ったりはしないけど、お互いに興味はあって、離れていてもチラッ、チラッと横目で見たりして、一緒にいられることがうれしそう。

年齢や暮らす環境が違うのに、麻呂くんの飼い主さんと私たちも近しい感じ。不思議なもので初対面な感じもせずに、すぐに打ち解けた。犬の話に盛り上がり、すっかり親戚のような気分。犬たちも、そんな私たちの雰囲気を感じとったのか、テーブルの下でリラックス。心温まる楽しいランチとなった。犬の親戚できました。

覚えてるで 久しぶりだね お兄ちゃん

センコウ4コマ劇場……5

おやつ、もらったのはうれしいけれど……

センパイ、歯磨きのときに
いい子にしていたので
「はい、ご褒美！」
大好きなミルクボーンを進呈。

「わーい、ありがとう！」
センパイ、喜びます。

が。
どういうわけか、センパイ、
大切なものを貯蔵するクセがあるのでした。
大切なおやつをくわえて、ウロウロ……。
「食べないのなら、返してよー！」
と意地悪言うと。

「そんなの、ぜーったいに、いや！」

大切なおやつ、
ゆっちゃんからも守らなきゃ！　と……。

ソファとクッションの間へ隠しました。

「うまく隠せたわー」とドヤ顔。

そして、ずーっと見張ってます！
すごく真剣。

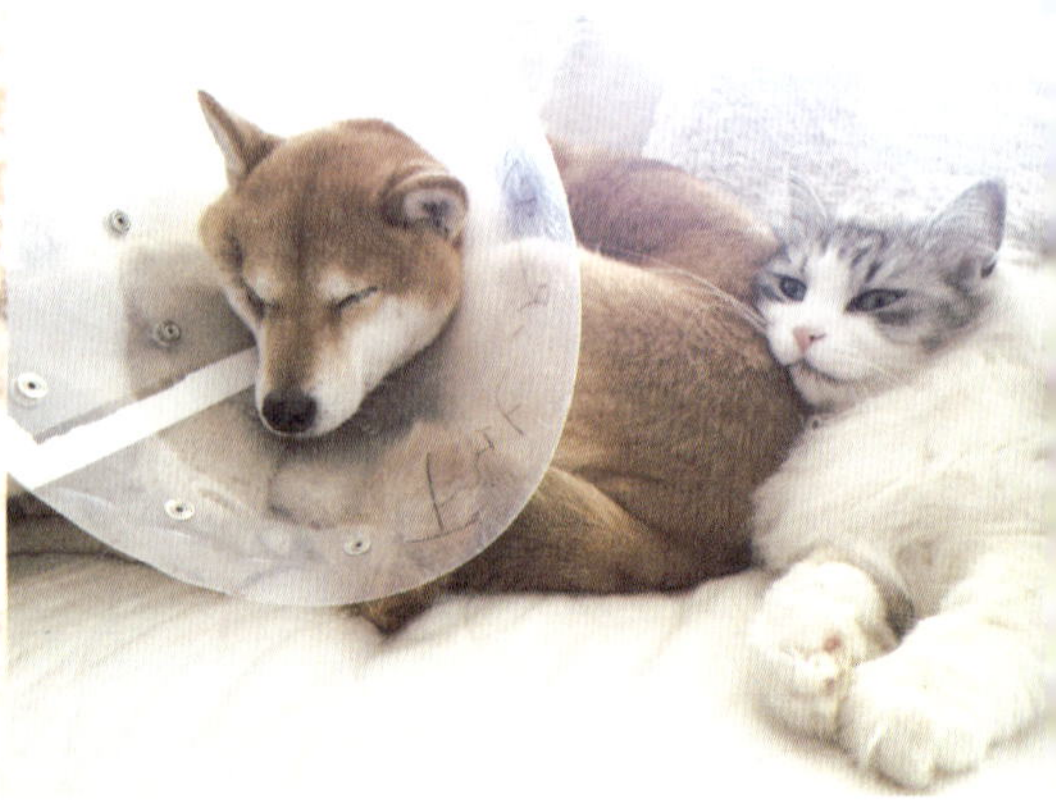

センパイの右目の下にできたポチッが大きくなってしまって……。
センねえたんに絶賛寄り添い看護中のコウハイ。

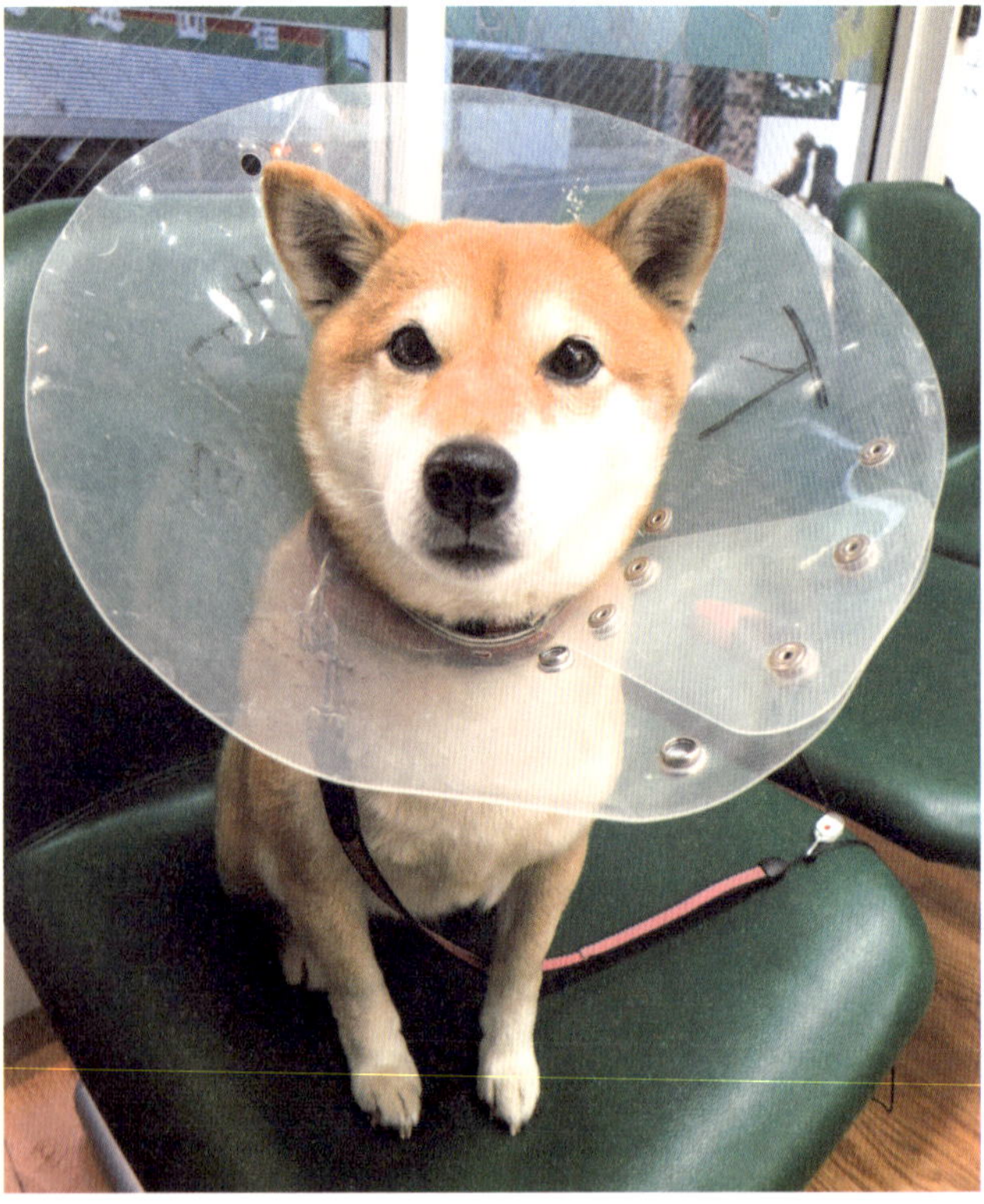

センパイに叱られるコウハイ、神妙な面持ち。
とはいえ、一瞬で忘れちゃうんですけどねー。

こらっ！

こらっ！

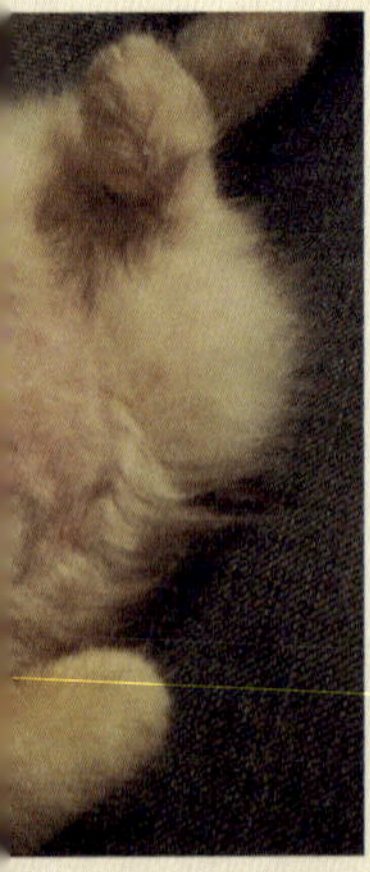

保護されたばかりの頃のコウハイ。こんなに小さかったんですね。今では立派なやんちゃ猫になりました。

湯加減を見て、飾りを直して、
酵素の漬かり具合をチェック。
我が家の猫村さん。

kouhai collection

1歳になった頃のセンパイ。

お兄ちゃん犬・麻呂くんとの再会。2匹ともお互いが気になる様子。赤いコートを着てるのがセンパイ。

「この大きい子も犬かちら……」

トイレより by コウハイ

トイレから こんにゃくちくわ！
コウハイです。

さいきん きがついたんだけど、
おみずがでるのよ！

つまみをひねるとおみずがでる！
ちょうびっくりニャー！
ちょっとさわってみるニャ。

でさー、そのみずが
どっかにながれていくわけー。

でてきたみずがどっかにいっちゃうの！

でさぁ、ここにすわって
みずがでるのをまってるんだけど、
「コウちゃん、そこにいると
大変でおもしろいことになるよ」
って
ゆっちゃんがニヤリとしていうのよ……。
よのなか
ふしぎなことがいっぱいあるニャ……。

あぁ、魔の3月よ……

センパイとの散歩の途中に寄る広場がある。ここを一周しながら、センパイは友だち犬からの手紙（匂い）を読んで、自分の返事を印《しる》す。

3月に入ったある日、センパイが広場からなかなか帰ろうとしなかった。我が家にとって、それは春を告げること。吹く風は冷たいけれど、日射しの中にぬくもりを感じられるようになると、センパイは広場や公園でだらだらだらだら過ごしたがる。「もう、帰ろうよ」と言っても、ぐいと4つの脚を踏ん張り「いや、まだもうちょっと」と主張するようになる。

「春がもうすぐ来るんだな」そう思いながら、綱引き（リード引き？）をしていたとき、西日に照らされたセンパイの顔に、私は見かけぬ陰影を見つけた。「ん？」気になったけれど、被毛の流れか日光の加減でそう見えたのかも。

家に帰って、「あぁ、そういえば」とセンパイの顔を確認すると、右目の下にポチッと小さなできものができていた。「あれれ、センパイ、またポチッができたよ—。早く引っ込めてね」

実はこれで3回目。以前にも同じようなものができたことがあったのだ。最初は1年半ほど前におでこにできた。慌てて病院に行くと、先生は「まだ小さいので、様子を見ましょう。大きくなるようだったらまた来てください」。私があまりに不安そうにしていたのか「飼い主が気にしすぎると、犬も気になってしまいます。触りすぎるのもだめですよ」と付け加えた。心配したが、それから5日くらいしたらできものは跡形もなく消えていて、我が家では歓喜の踊りをみんなで踊った。

2回目は半年前で、その場所は後ろ右脚の上。1回目のポチッは小さくて硬質な感じのものだったか、今度のは前より大きくてふんにゃりと盛り上がっていて瘤《こぶ》のよう。また慌てて病院へ馳《は》せ参じると、先生は前回と同じことを言った。そしてやっぱり5日くらいしたら瘤は消滅。歓喜の踊り、踊ったかどうかは忘れてしまった。

そして今回。素人目には1回目のポチッに似た感触のものだった。「病院へ行ってもまた同じこと言われるな。これもきっと消えてくれるよね……」そうおっとり構えていたら、ズンズンズン！　とポチッが急成長。あれれ、これは大変だ！

いつもの動物病院で診てもらうと、先生曰《いわ》く「短期間で大きくなってる、というのが気になりますね。目のすぐ下なので、良性か悪性かを判断する検査をするにしても麻酔をかけます。検査をして手術が必要となった場合に、もう一度麻酔をして……、ということを考えると、小さいうちに切除手術をするという決断もありますよ。麻酔が一度で済むし、今なら手術の痕《あと》も小さくて済みます。来週まで様子を見て、小さくならないようなら、考えましょう」。

病院から帰るとコウハイが迎えてくれた。彼はセンパイの変化に気づいているのか。感の鋭いヤツだから「あれれ、センねえたんのお顔に、へんなのできた……」とわかっているかな。でも天才的に空気を読むので、あえて騒ぎ立てることはせず、盗み食いをしたり棚からモノを落としたりの通常営業。でもそれが、心配でつい重たい心持ちになる私を和ませてくれた。「〝病は気から〟って言うニャんか〜！」と、励ましてくれているみたい。

「どお？　センパイ、痛い？」センパイの顔を覗く私を、コウハイがキッと覗く。「先回りして、あれこれ心配すんニャー！」と言っているよう。すみません。コウハイは、どんよりしがちな空気を明るく盛り上げてくれた。

私は、知人の獣医さんや犬飼いの先輩にアドバイスをもらいながら悩んだ。オットとも話し合い「人間にしたら、目の下に1センチ大の何ものかができたということ。あれこれ気にしつつそのままにしているなら、切ってしまったほうが、センパイも私たちもすっきりするのではないか」という結論を出した。

センパイは気にしている様子はなく、痛くも痒《かゆ》くもなさそうなのが救い。しかし「小さくなれ〜」の念力届かず、ポチッはその後も成長。再診までに0・1ミリも小さくなることはなかった。

センパイの小さなポチッが大きな不安

コウハイは心配性

センパイの目の下のポチッ。見たり触ったりしたいのをぐっと我慢して再診の日を待ったが、ポチッは小さくなるどころか大きくなっているように見えた。

手術をするかしないか、結局決断するしかないのだった。仮に腫瘍が良性だったとしても、このまま大きくなってから切除するのも大変。気になったまま、ずるずると悩んでいることが、犬にも人にも一番良くないことに思えた。ならば切ってしまおうか、今。いま……？

東進ハイスクール・林修先生よろしく「今でしょ！」と、決断の神が降臨。「小さくなっていないのなら、手術をお願いします」私には珍しいくらいのキッパリ。

3日後、午前中にセンパイを病院に連れていき、手術となった。そして、そのまま翌日の夕方過ぎまで入院の予定。

　ということは、今日はコウハイがひとりだなぁ。ひとり天下でさぞや伸び伸びと大暴れするのかな。それとも甘えん坊になってくっついてくるのかなぁ……。帰宅した私を迎えてくれたコウハイは、「あれれれ?」と玄関に固まったまま私の顔を見上げている。「ねえねえ。センねえたん、どこに忘れてきたの?」そう言ってるみたい。「コウちゃん。センちゃんはね、今日は帰ってこないんだよ。病院にお泊まりなの……」そう報告したら、コウハイは明らかに気落ちした様子。理解しているのか。

　それからコウハイは、センパイを捜すでもなく、私たちに「ねえたん、どこ?」と聞くのでもなく、ひとりぽつんと神妙にしていた。「センねえたんがいない、いないんだ」という事実を受け入れようと、自分の中でいろいろ考えているみたい。そして、考えも気持ちもまとまらず途方に暮れてる、という感じ。「1泊なんだし、少し大袈裟では?」と思うものの、本人(猫)は真剣。

　日なたぼっこをしていても昼寝をしていても、いまひとつ覇気がない。ごはんを食べるのもいつもよりもゆっくり。「何をしていても張り合いがない」といった様子。

どうやらコウハイは、私が想像していたよりも深くセンパイのことを想っている。センパイがいないという不安や心配は計り知れず、でもそれを誰にも訴えずに、自分だけで耐えている。動揺を訴えると私たちが心配すると思っているのかもしれない。コウハイの思わぬ繊細な一面を見た。

術後、順調に回復したセンパイは、翌日の夜に退院。エリザベスカラーをぶんぶんいわせながら帰宅した。

出迎えたコウハイは、うれしそうにセンパイの後ろをついて歩く。

「ねぇ、ねぇ、どこ行ってたのー?」「痛いのー?　いや、別に心配しているわけじゃニャいんだけどさ」

療養中のセンパイには、プロレスを仕掛けることもせず、大きなベッドも譲り、気遣いながら見守り看護を続けた。

この時期、センパイとコウハイは、寄り添ってよくおしゃべりをしていた。「ボクが手術したときはねぇ……」手術ではコウハイのほうが先輩だから自分の体験談でも語って聞かせていたのかな。

センパイは、術後約10日間のエリザベスカラー生活ののち、無事抜糸。あとは、毛がはえてくるのを待つばかり。

来年の3月は、何事もありませんように……。そう願うばかりなり。

センパイがいないと寂しい　コウハイです

成長期はいつまで？

個体差はあるものの、犬や猫は生まれてから約1年で成長期を終えるそうだ。1年で、人間ならば18～20歳くらいになる。「1年で成長した体躯《たいく》の大きさのまま一生を過ごす」というのが理想らしい。しかし、センパイのようにじりじりっと体重を増やし続け、成長（肥満⁉）し続けている犬や猫もいる。

前にも書いたように、センパイは目の下のポチッを切除する手術を受けた。「エリザベスカラーもさぞやストレスでしょう」と過保護すぎたのか、あれれ、また育ってしまったみたい。

先日散歩していたときも、前から顔なじみの牛乳屋のおじさんがやってきた。おじさんとセンパイ、お互いに駆け寄って「お～、久しぶりだなぁ～！」「クンクンク～ン（おじさ～ん♡）」と喜び合っていたが、おじさんが言った。「おまえな～、太っただろ

〜？　前から見てて、センパイかなぁ、って思ったけど、あんまりまるっこいから違う犬かと思ったよ」

おろろ。抱き上げるとき「ちょっと重たくなったなぁ」とは感じていたけれど、遠くからひと目見てもわかるくらいか……。動揺を隠しながら「この前、手術したんです。それで散歩を控えたりしてたら太っちゃった……」と私。別に言いわけする必要もないのだけれど、ついそんなことを言ってしまう。

センコウ、身も心も成長し、一緒に暮らすのも2年が経った頃から、2匹は精神的にも安定してきた。前よりもほど良い距離を保つ関係になってきているように思う。相変わらず取っ組み合ってケンカのようなことはしているけれど、それも楽しそう。

特に、手術したセンパイにコウハイがあれこれ世話を焼いてやさしくしていたことが、センパイの心に響いたのではないかと思われる。コウハイに不意打ちされて、プンプン怒っていたセンパイのプンが引っ込み、センパイがコウハイを尊重するようになった。と、いうことで、人2、犬1、猫1の穏やかな暮らしができると思いきや……。コウハイがパワーアップ。はじめは、「センねえたんに叱られる」のが、少しはブレーキになっていたんですね、きっと。しかし、今では……。

コウハイもすくすく成長し身体も大きくなった。長毛ということもあり、見た感じでは、センパイとほぼ同じくらいの大きさ。我が家で一番標高が高いと思われる冷蔵庫の上も制覇、もはや家の中に未開の地はない。気力充実、血気盛んで怖いものなし。食べるものは盗むし、トイレや浴室にも入り浸り、蛇口から出てくる水に手を出し、置いてある雑貨にも真剣に挑み続ける日々。

ガタン！　バタン！　ドスンドスン！　と大袈裟な音をたて、センパイや私たちが驚くのがおもしろくて仕方がないようだ。

あるときは、コウハイが冷蔵庫からドーン！　と飛び降りる、しかもセンパイのすぐ傍に。「ひーっ！」と飛び上がるセンパイを見て「センねえたん、こんなことでびっくりすんニャ！」と振り返ってニヤリ。またあるときは、浴室で遊んで濡らした身体のまま、リビングを駆け回る。「きゃー！　やめてよコウちゃんー！」と私が追いかけると、「うっししー」とますます調子を上げて部屋中を引《ひ》っ掻《か》きまわす。あぁ、疲れ果てる。

バッタリ……。

コウハイに「ねぇ、センちゃん？」と、間違えて呼びかけた私をシラ〜と一瞥《いちべつ》、そのあとに「ねえたん、呼ばれてるよ」とセンパイに視線を移す仕草の、なんと生意気なことか。

なんかこう、自信に満ちあふれている感じがするのですよねぇ、近頃のコウハイ。これも精神的に成長しているということなのかなあ。成長途中の反抗期、というか充実期？　この成長期はいつまで続くのか。センパイの体重増加同様、エンドレスだったら非常に困ります。

暴れん坊 センねえたんには 甘えん坊

センパイともう1匹の猫

センパイの散歩は朝夕毎日2回。朝はオットが担当し、夕方は私が行く。よほどのことがない限りセンパイは乗り気ではなく「あ。行く……、の？」と、まるで付き合いでついてきているかのようだ。「ちょっとー、誰の散歩よ？」という気分にならないでもないが、運動不足気味のセンパイには歩いてほしいので「散歩行こう〜！　今日は誰に会えるかな〜！」と気分を盛り上げながら連れ出す。

センパイが散歩に行きそうな気配を察知すると、コウハイは玄関で「あ〜、行くんだニャ〜」とお見送り。「別に一緒に行きたいわけでもニャいが、センパイが出かけるのがちょっと寂しい」といったところか。センパイは、コウハイをチラッと見て、その一瞬だけ「あたち、ゆっちゃんとお出かけしてくるの！」と優越感オーラを醸し出す。

センパイの散歩のとき、神社を通る。小さいけれど参拝する人も多く、地元で愛されている神社だ。その境内にいつの頃からか猫が姿を現すようになった。ある日、散歩途中にお参りに行くと、近くまでやってきて「ニャ〜！」と声をかけてきた。「あらら、にゃんこちゃん、どこから来たの？」そう話しかけてみるが、猫は何も答えずセンパイのことが気になる様子。

近くを歩いているおばあさんに訊ねたら、「ここ（神社）に住んでいるみたいよ。そうねぇ、見かけるようになって1年は経つわね。寂しいんじゃないかしら、この子、前はカラスと遊んでいたわよ」。おとなしそうだけど「野良猫は用心深いから触らせてくれないかな」そう思いながらも恐る恐る手を伸ばしたら、背中を差し出しまんざらでもなさそうにしている。おぉ、大丈夫そう。そーっと触ってみると、うれしそうだ。やっぱりひとりで寂しいのかな。

しかし、野良とは思えない肉付きをしている。毛並みも悪くない。

それからというもの、センパイと私（オットのときも）が神社の前を通ると猫は「ニャ～！」と呼びかけてくるようになった。あるときは、後ろから追いかけるように小走りで「待って～！」。またあるときは、神社の前の塀の上から「待ってたよ～！」。どこからともなく現れては、センパイに近づき、ゴロンとなって、おなかを見せる。私が撫でてやるとくねくね身体を動かし喉をゴロゴロ鳴らす。

散歩中に会う犬友だちに聞いてみると、この猫には食べ物を運んできてくれるパトロンが数人いるらしい。毎朝、散歩途中に立ち寄り、決まった場所にキャットフードを置いていってくれるおじさん。夕方、仕事帰りにカリカリを手から食べさせてくれるおねえさん。ほか、私たちみたいに犬の散歩途中に、声をかけたり撫でたりしてかわいがる人々……。こういう猫のことは「野良猫」ではなくて「地域猫」というのだろうか。

「ニャー！」と呼び止め、「ねぇねぇ、ちょっと遊んでよー」と神社に誘う地域猫。「これからどこ行くのー？」としばらく後ろをついてくることもある。こんなに打ち解けられるとは思ってもみなかった。センパイもこの猫の境遇を知っているのか、それなりに我慢強く付き合っている。

酷暑が続いたときは「あの猫はどうしているのかなぁ」と考え、豪雨のときは神社の境内でひとり雨宿りをしている姿を思い浮かべる。いっそのこと我が家の猫にしてしまおうか……。でも、私たち以外にもあの猫をかわいがっている人たちがいるしなぁ……。かわいがっている人たちの中でリーダーを決めるというのはどうだろう……。せめてつかまえて不妊手術だけでもしたいものだけど……。私の気持ちも揺れる。

散歩中、歩きながらセンパイに聞いてみた。

「ねぇ、センパイ。うちに猫がもう1匹増えたらどうする?」

私の声にセンパイは目もくれず、「そそそんなこと……!　多くは語らぬが察してくだされ」(センパイの心の声、私の中でなぜか武士っぽく変換されました)。うーむ、うちの猫に迎えるのはやっぱり無理かなぁ。コウハイとはどうだろう。

センパイは、神社の猫に付き合ってひとしきり遊び「ふぅ、猫の相手も楽じゃないわ〜ん」と思いつつ、家に帰ってみたら、今度はコウハイが待ち構えていて「ねえたん、おかえりニャす〜!　どこ行ってきた〜」と飛びつかれ、匂いをかがれては「ん?　ねえたん、あやしいニオイがするニャ？」と探られている。
猫に好かれるのもつらいね、センパイ！

犬なのに猫にモテるの なぜかちら

ある日の発見、センパイの場合 コウハイの場合

「はっ！　これは何だろう？」ある日突然気づくことがある。久しぶりに実家に帰ったときに「玄関に置いてある、あのへんな置物なあに？」そう母に訊ねると、「なに今頃言ってるの？　ずっと前からあったわよ」と言われた。幾度となく見ていたはずだが、意識の中で抜け落ちていたのだろうか。見ているようで見ていない。注意散漫といえばそれまでだけど、みなさんにも経験ありませんか。

そしてこれ、犬や猫にもあるんです。

センパイの場合。ある日、いつもの散歩道。いつものように公園を出てふたつ目の角を左に曲がろうとしたら、センパイが「わわっ！」と驚きあとずさり。目を見開いて「肝をつぶしました」という顔で私を見た。カエルが飛び出してきたわけでもなく、へ

ビがいたのでもない。一体何が起きたのか、さっぱり意味がわからない。その角には寄せ植えのプランターが置かれていてハーブが繁《しげ》り、端にキノコのオブジェ……。

もしかして、このキノコに驚いた？　キノコは、ずっとずっと前からここにあるのに、今気づいたの？　なんで今？　昨日まで気づかなかったことに今日気づく。

コウハイの場合。最近「水」というものに気がついた。もちろん飲み水は知っているけど「光る棒の先から水が流れ出す」ということに興味津々。家中を縦横無尽に飛び回るコウハイだが、水道や蛇口の発見に2年半の月日が費やされた。

「ニャにっ！」これもある日突然のことだった。トイレのタンク上部から何かがサラサラ流れているではないか。落ちる液体を遠くからじーっと眺め、注意深く近寄り、次第に手を出して味と匂いを探り「水」と知る。この「水」は、どこから来て、どこに行くのか……。私たちがトイレに入るたびについてきては、熱心に研究を重ねる日々。

「ニャんと！」そしてまたある日、トイレの光る棒がキッチンにもあることに気づく。ここのはトイレのより流れが強いので油断ができない。しかし、トイレとは違って自由に近づけるので、いつ流れ出してくるか見張りができる。研究がはかどる。

「ニャニャ、ニャんと！」浴室にもまたまた光る棒を発見！　こちらも勢いよく水が出る。だが気を引き締めろ、ここの水は熱い。しかも、流れていかず溜《た》まる。この水溜まりに入ってしまったら大変なことになりそうだ。この平均台のような細い道（浴槽の端）を注意して歩かねば……。

コウハイは次々と鉱脈（？）を発見し、今も研究を怠らない。

ねぇ、センパイ。犬としてはもっと感覚を研ぎすまして散歩しなくちゃいけないんじゃない？「パトロールしてます」くらいの気構えとやる気で歩いてみない？

コウちゃん。研究熱心なのはいいけれど、身体中をびしょ濡れにして家中を走り回るのは勘弁してください。

ある日突然何かを発見する犬と猫、喜び怖がり学んでる。そして、その犬と猫の変化を発見し楽しむ人……、いとをかし。


なんだこれ！　びっくりしたな　不思議だな

春の健康診断

春は忙しい。動物と暮らしている人ならピンと来ると思うが、春になると狂犬病の注射やワクチンなど、犬や猫のことでやらねばならないことが集中するからだ。毎年、3月の半ばを過ぎると区や動物病院からお知らせが届き「あぁ、今年もこの時期が来たか」と思う。

本来なら4月中には犬や猫を病院に連れていき、狂犬病予防の注射をして、証明書と区の注射済票をもらうもの。しかし私は、生来のぼんやり。日々の雑事に追われ、ついついタイミングを逃してばかり。GWが終わりその余波も落ち着いた頃になって「せめて5月中には済ませなくちゃ〜」と慌てて病院へ駆け込むのが常。

今年、センパイを動物病院に連れていったのは、5月23日。いつもより長めの散歩のそのまた先におなじみの病院はある。センパイは「疑う」ということをまったく知らないので「へぇ～、今日はこっちの道に行くの？」と歩き、「なんだかいつもより歩いてなあい？」なんて気づきはじめた頃、病院の前に到着。「あれれれ、ここだったのかー」とドアの前で立ち止まり少しだけ「だまされたわ」という顔をする。

病院でのセンパイは極めて優等生。顔なじみの先生にしっぽをブンブン振ってごあいさつ。診療台でうとうと寝てしまうほどリラックスしている。私がセンパイを撫でたり話しかけたりしている間に先生が注射を打ってくれるので、痛みや恐怖は感じていないようだ。

体重を計り、狂犬病のワクチンを打って、フィラリアの検査。陰性であることを確認してからフィラリアの予防薬とノミ予防・駆除薬をもらうのがワンセット。今年も異常なし。特筆すべきは体重が10グラム（！）減っていたこと。

「できれば5月の20日までにはフィラリアの薬を飲ませたり、ノミダニ駆除薬の投与をしたいです。そのことを少し頭に入れておいてくださいね」

私のぼんやりを先生にやんわり諭された。

そしてその足で区役所の出張所に行き「狂犬病ワクチン接種証明書」を提出し、注射済票をもらう。「お！」今年の済票、発行ナンバーが３０００番でした。特にこだわっているわけではないけど、キリのいい番号で明るい予感がするというか、なんとなく清々しく気持ちがよい。こうなると、来年も３０００番を狙おうかという気にもなるが、いやいや、来年はもっと早い時期に注射に来なければ（予定）。

さて今年はコウハイのワクチンも４月の予定。しかし、これもまたお約束通り遅れて５月の下旬となった。洗濯ネットに入れるまで少々手こずるが、そのあとはコウハイも優等生。洗濯ネットコウハイを肩かけのスリングに入れて自転車で連れていく。ときどき「コウちゃ〜ん」「ニャ〜」と声をかけ合い、お互いを確認。

病院に着いて、待合室に犬がいても余裕。どんな大きな犬にも「うちにはセンねえたんがいるんだぞー」と洗濯ネットの奥でメンチを切っている。

今回の診察は新しい先生だったのに「あ、コウハイちゃんですね。その後、誤飲の心配はないですか」と開口一番。「あぁ、院内で有名なんですね……」と私は心の中でうなだれた。昨年の３月に梅干しの種を飲み込んで大手術したこと、新任の先生もちゃんと知っていた。

コウハイは診察台にいてもキョロキョロ、あちこちに興味を示す。先生が「ものすごく好奇心旺盛ですね」とニッコリ。「え！　猫って、どの子もこんな感じじゃないんですか」と私が聞くと、「猫もそれぞれです。でも、こんなにいろんなものに興味を示す子は珍しいですね」と先生。

注射のときでさえも喉をゴロゴロ鳴らしてご機嫌。口内を調べられても「ニャんなの〜？」とおっとり構えて、先生や看護師さんを感心させた。

「コウハイちゃん、健康ですね。体重4・5キロ。太りすぎではないけれど、これ以上太らせないほうがいいですよ」と釘《くぎ》を刺された。あぁ、ちょいデブ姉弟センコウ……。

コウハイのプチメタボを告げられ、これにて春の犬猫行事もやっと終了。胸のつかえもとれた。また来年ね。それまでセンコウ2匹とも元気で、病院通いをしなくてもすみますように。

うれしくない　春のお出かけ　注射かな

お届けもの

先日のこと。
注文していたものが届いたら……。

わらわらと2匹が集合してきました。
熱心にチェック！

「あれれ！　こりは……！
こりはもしかちて……！」

「そうだ！　こりはあれよ！　早く開けて！」

バサッ！
開けたとたんに覆いかぶさるセンパイ。
もう冷静でなんかいられない！
「こりはあたちのよ！
あたちの大切なものなのよ――！」
そうです。
センパイのフードが届いたのでした。
「いいもの、入ってるでしょ？　いいもの！」

おまけしてくれたクッキーを……。
震えて待つ……！

食べたくてわちわちしちゃうから
「待て」でもブルブル。

いつもありがとうございます！

パリのオートクチュール
サロンにいるマダム猫を
意識してみたニャ！

お転婆ウエスタン！
口にくわえているのは
タバコ？　なわけな
いね〜。

似合う？ かぶりものも
得意なセンパイ。前橋
のMATE カフェにて。

葉っぱのサングラス。

驚いている間にCut、Cut！
思わず固まるコウハイ。

タオル地のぬいぐるみ
みたいになりました。

意外に細くて長いコウハイでした。さっぱりしたね〜。

なんちゃって芝生でくつろぐコウハイ。

じっと見つめる。視線の先にあるものは……？
「〝明日〟って、どこからやってくるのかなー」「あっちだニャ！」

うっかり と ちゃっかり

ある日のおひるねタイム。

大きいベッドにセンパイ、
小さいほうにコウハイ……。

しばらくして
センパイが目を覚まし
ベランダをパトロールしている隙に……。

「コウちゃん、そこ あたちの……」

うっかりセンパイ、
ちゃっかりコウハイにベッドを奪われ……。
ほんの一瞬の出来事でした。

納得できないままに
センパイは 小さいベッドで二度寝。

それにしても ぱっつぱつです（笑）。

センコウに見守られ夏の準備はじめました

知り合いの愛犬家たちの中で手作り酵素が流行っている。というか、酵素は酵素ジュースに酵素ダイエット、酵素パワー洗剤など、愛犬家たちに限らず世間一般に大人気だけれども。

我が家では家族みんなで酵素を愛飲、センパイもコウハイも飲んでいる。砂糖で仕込むのでカロリーのことなど多少気にもなったが、センパイには散歩から帰ってきたときの喉を潤すご褒美ジュースとして（相変わらず、ご褒美がないと散歩に積極的になれないセンパイなのでした）。コウハイはそのお相伴《しょうばん》にあずかって飲む、棚からぼたジュースとしてスペシャルな1杯。酵素の原液を水で割って出すと、2匹とも喜んで飲む。

今から4～5年前「酵素は動物にもいいらしい」と、周囲の犬好きたちの間で話題となり「酵素を与えるようになったら老犬の毛艶《けづや》がよくなった」「闘病中の犬がぐっと元気になった」など、その噂《うわさ》はじわじわ広がった。酵素は上手に摂取すると代謝や免疫力が上がり、健康増進につながるそうだ。それは、人だけでなく犬や猫にも効果があるらしい。手に入れやすい材料で作るシンプルさ、水で薄めて飲んだり料理にも使えたりの用途の広さ、手軽さから愛好家が増えた。

私も「原材料を選び、自分で作るので安心してペットに与えられる」「人と動物が一緒に飲める」ということに心くすぐられ入門（?）。一度だけ酵素作りに慣れた友人に指導してもらいながら作り方を覚え、それからは自分で漬けている。

秋には、秋に収穫される野菜や木の実で、春には、春に芽吹く野草で、そして初夏には、梅の実を主原料とした梅酵素を作る。だから、スーパーに青梅やらっきょうが並ぶ頃になると妙にそわそわ。漬けないとなんだか落ち着かないようになってしまった。「犬や猫も健康維持と老化防止に水分は必要」と聞いて、ただ今我が家は、水分摂取強化期間。特にセンパイはもともと水分をあまり摂らないほうで、少しでも多く飲んでほしいから、ちょっと味をつけたり工夫をしている。酵素ジュースはその一環というわけですね。暑さを乗り切るための梅酵素漬けは、夏の準備のはじまりだ。

今回の仕込みは、梅4キロに、その他の季節の果物を1キロ。それらを6キロの白砂糖で漬ける。私はキッチンに立ち包丁を持ってひたすらに切る。切る。切る。材料のすべてを繊維を断ち切るようにカット。すると足元にはセンパイが「何か落ちてきたとき、見逃さないようにしなくちゃ……」と待機。あぁ、その一生懸命な視線に私は弱い。熱烈な視線につい負けて、特別にいちごをおひとつどうぞ。

そして、シンクの中にはコウハイがスタンバイ。さすがに梅は食べられそうにないことを悟り「なんか今日はハズレかも……」と不満そうな顔で私を監視。コウハイはもともと果物には興味がないのだけれど「あ、これちょうだい！」、そう狙いをつけたのはトマト。野菜や果物など生のものはほとんど欲しがらない彼だけど、なぜかトマトだけは大好き。う〜ん、じゃあ、コウちゃんも特別にトマトをどうぞ。

材料を計ってから仕込むので、つまみ食いはほどほどにして、センコウに見守られながらの切って切って漬けて仕込む作業は2時間ほどで終わる。樽《たる》の中には約11キロの果物と砂糖の塊。じっくり寝かせて毎日朝晩2回の攪拌《かくはん》をして約1週間で梅酵素は完成。

センちゃんコウちゃん、この刻んだ梅と果物と砂糖が発酵して、いつも飲んでる酵素のジュースになるんだよ。「おいしくなってね」そう声をかけながらまぜませすると、酵素もどんどんよく発酵するそうなので、センちゃんもコウちゃんも、いっぱい話しかけてね。みんなでこれを飲んで今年の夏も元気で過ごせますように。

なんかちょうだい　2匹の視線が突きささる

夏も寝てばかり

2013年は梅雨明けが早く、7月初旬から夏も本番。我が家の毛皮たち、早くも夏に負けそうだ。

晴れた日には、床の日なたを追いかけながら昼寝をするセンパイ。毎日厳しい暑さが続くのに、目覚めると「ね、ベランダに出して?」と催促。「いやいやセンパイ、こんな日射しの強い中、ベランダで寝たら茹で上がっちゃうよ。病気になっちゃうからだめよ」そう言い聞かせるも、センパイはなかなか納得しない。「なんでそんなこと言うの?　あたち大丈夫なのに」顔にはそう書いてある。

コウハイは風の通り道を見つけるのが上手で、涼しくて風通しのいい場所を見つけては行き倒れのような格好で寝る。最近、暑さのせいか2匹ともよく寝ている。寝てばかりいる。

朝寝坊なのはコウハイ。夜遅くまで（むしろ夜遅くから深夜まで）バタバタと家中を走り回っているから寝起きが悪い。みんなが起きてしばらくしてから「起きたぞよ」とちょっと不機嫌な感じでのっしのっしとリビングに登場、しばらく壁に寄りかかり、ボーッとしていてエンジンがかかるまで時間がいる。

センパイはピッ！　と起きるけどまたすぐ眠たくなって、朝食後の二度寝がとても幸せそうだ。「食べて寝るってサイコーね。起きたら食べてまた寝たいわ」きっとそう思っていて、たぶん夢の中でも何かすてきなものを食べている。その証拠に、寝顔によだれが甚《はなは》だしい。センパイは、リアル食事とエア食事を繰り返して1日が終わる。

この夏、我が家で大人気なのはかき氷。暑さと湿気で風景も滲む、ぼーっとした午後。私が「どっこいしょ」と重い腰を上げてキッチンへ行き、器を出し冷蔵庫を開けると、「お！　そろそろだニャ？」「あれが、あれがはじまるのね！」２匹がわらわらと足元にやってくる。しゃりしゃりとかかれた氷が器に積もる。息を飲みじっと見守るセンパイとコウハイ……。

氷の小山に、センパイはミルクか豆乳、あればフルーツ（細かくして）。コウハイはミルクのみ。センパイは「うは、待ってました！」と飛びかかり、しゃくしゃくしゃくと一気に食べる。最初はおっかなびっくりだったコウハイも今ではお気に入りの様子で、目を細めてじっくりと味わっている。

私はセンパイスタイルにジャムやアイスをプラスして食べる。「みんなで食べるとおいしいね！」そう話しかけても2匹は、氷だけを見つめてただ黙々と食べている。食べ終わると「あぁ、消えちゃった……」。いえいえ、消えたのではなく食べたのですよ。

かき氷のハッピータイムもはかなく終わり、私がパソコンに向かって仕事をしていると「すーすーすー」「ふがーふがーふがー」と二重唱が聞こえてくる。「ふがーふがー」はコウハイ、鼻が悪いのかもしれない。

寒い季節には丸まって寝ていた2匹だけれど、季節の移り変わりと共に寝相も変わる。ベッドからはみ出して寝るようになると「あぁ、夏が近いんだなぁ」と思う。そして、夏の訪れとともに、我が家の名物となるのは「猫開き」。仰向けに寝転び、両手をバンザイにしておなかを出して……。猫ってこんなに無防備に眠るものなのでしょうか。まぁ、心から安心している姿だと思うので、飼い主としてはうれしいけれど。

犬や猫が、無防備な姿で眠れるような、そんな環境を作りたかった。夏の暑さを借りて、その夢が叶《かな》っている。センパイやコウハイの、身も心も放り出して寝ている姿が愛おしい。酷暑はほどほどにしてほしいけど、センコウがおなかを出して寝ている姿を見ると「夏も悪くないな」と思う。

ゆっくりと夏が過ぎていきます。

かき氷 お口で溶ける チョモランマ

サマーカットはどうでしょう

先日、夕暮れに街を歩いていると、前方から奇妙な犬がやってきた。夕日に照らし出されたシルエットから、大型犬だということはわかる。シェ、シェパード……？　でもなさそうで、シベリアンハスキー？　にしては脚が長くて高床式風。飼い主は外国人の男性で、でっかい影がふたつ。のっしのっしと近づいてくる犬に、私の目は釘付け。

「うぉ！」思わず声が出た。顔を見ると、おっとりとしたまあるい目、ふんにゃりと笑っているような口元……、それはまぎれもなく秋田犬だった。サマーカットされ、秋田犬にしては短すぎる被毛が違和感。たっぷりとしたボンレスハムを４本の柱が支え、その上に秋田犬らしい顔が載っている。「へぇ、（剃毛《ていもう》した）秋田犬の中身って、意外に脚が細くて長くてスタイリッシュなんだな」と新発見。

飼い主は、愛犬の密集した被毛を気の毒に思ったのかもしれない。梅雨明けすぐの酷暑に「湿気も多い日本の夏、これでは犬もつらかろう」と判断したのか。音もなく近づき通り過ぎていった1人と1匹を何度も振り返りながら見送った（あまりの衝撃に写真を撮らせてもらうのも忘れてた）。

実は、私も悩んでいた「うちの毛皮たちも暑くてつらそうだ、ひとつサマーカットでもしてやろうか」と。

センパイは柴だから、換毛期にこれでもかというほど毛が抜ける。そのあとはすっきりするので放っておいたが、毎朝、散歩で会う犬飼いの先輩に「おなかのまわりだけでも切ってやると涼しいはず」とアドバイスを受け、毛刈りを実施。私がザクザク容赦なくやるのですっかりトラ刈りだ。まぁ、長袖が七分袖になったくらいの違いだと思うが「少しでも涼しくなれば」という飼い主心。メタボなおなかを少しでも風が通り過ぎますように。

問題なのはコウハイだ。子猫の頃はちょぼちょぼしかはえていなかった被毛もいつの間にか伸びはじめ、今ではすっかり長毛種。自らの舌でグルーミングしていても「舐《な》めきれニャいよ！」と、手を焼いている。

「夏、暑かったらサマーカットしたほうがいいかなぁ」と前々から考えてはいた。そして、いざ、と具体的に調べてみたら……。ペットサロンでも猫もカットしてくれるところは稀だということがわかった。じゃあ、どこかいいサロンを探さなくちゃいけないのか……。

知り合いに会うと、あいさつがわりに「センコウ、元気ですか」なんて聞いてくださる方もいて、犬猫の話をすることが多い。そんなときにも「コウハイのサマーカットを考えているんだけど……」と言っていた。「あぁ、この暑さじゃ大変そうですよね」とコウハイに同情してくれる人、「おもしろそうだからやってみて！」と興味津々な人、反応はそれぞれ。

中でも私が気になったのは「猫って、不本意にカットされると鬱《うつ》っぽくなるっていいますよ」という意見。え、ほんと？　そういえば、大島弓子さんのマンガで読んだことがあったかも。怪我をした猫を治療のために剃毛したら、その猫は、怪我が治っても被毛がはえ揃うまで引きこもってしまった、とか。

そうか、そうかもしれない。猫って、それくらいデリケートでナルシストな生き物なのかも。でも待てよ、コウハイに限ってはどうだろう？

いつも、コウハイの爪と肉球の間の伸びた毛をカットするのは私。歯磨きのまねごとのようなこともやらせてくれるので（反抗的な目でうーうーと文句を言いながらも逃げない）、カットもさほど嫌がらないかもしれないな。「コウちゃん、あんたはどうしたい？」おなかを出して「開き」となって寝ているコウハイに聞くが、返事はニャい。

サマーカットしたコウハイを見てみたい、それより暑さから解放されるなら、1日でも早くすっきりさせてやりたい。でも……。あぁ、ニャやましい。

コウハイちゃん 被毛ふさふさ 暑いよね？

サマーカットは似合うかニャ？

酷暑もたけなわ、8月のはじめにそれは行われました。はい、コウハイの断髪式です。なかば強引な私のリクエストに、友だちのみやちゃんが「じゃあ、私がやってみようか」とはさみ持参で我が家に来てくれたのです。何も知らないセンパイとコウハイ、相変わらずの熱烈歓迎。しばしたわむれいとをかし。

みやちゃんは、おっとりしているけれどやるときはやる。お茶もそこそこに「じゃ、はじめますか。コウちゃんのこと、つかまえてて」キリリとスタンバイ。
「はい！」私は、身も心もみやちゃんに仕えるアシスタントとなり、コウハイをつかまえて、がしっと押さえる。「ニャ、ニャニャぁ〜？」と、あっけにとられるコウハイの背中から、大胆にチョキチョキチョキチョキチョキ、右サイドも豪快にチョキチョキチョキチヨキ。左も……。しばらくされるがままにしていたコウハイは「はっ！」と我に返ってひょいっと逃げた。追う私。つかまえたところにみやちゃんが来て「今度はおなかね」、そう言ったと同時に私はコウハイをひっくり返す（餅つきの要領で）。そしてチョキチョキチョキ、チョキチョキチョキチョキ。「おとなしくしているな」と、私が気を緩めた隙にまた素早く逃げるコウハイ。なんだか逃げるのを楽しんでいるようにも見える。つかまえてはまたチョキチョキチョキチョキ……。逃げるコウハイ追う私。お互いに真剣で武道の一本勝負という趣きだ。

「あれれ、コウちゃん何かされてるわ〜ん」と遠巻きに眺めていたセンパイも「なんだか盛り上がってるわね！」と参加を表明。逃げるコウハイ追う私、私を追うセンパイに、はさみをチョキチョキ動かすみやちゃん。ドタバタの新喜劇のようになって、逃げる追う切るを繰り返すこと2時間。はぁはぁはぁ、息も切れるというものです。

「だいたいできたかな。こんな感じでどお？」みやちゃんの言葉でカットは無事（？）終了。部屋中にふわふわ舞っているコウハイの被毛を片付けながら、冷静にコウハイを眺めて「ぷぷっ。コウちゃんって、案外細くて薄くてこぢんまりしているんだね！」と思わず言った。「フン！　失礼ニャ。こんなふうにしたのはおまえらじゃんか！」コウハイはそう目で語っていたが、妙にかわいらしくてすごんでもその効果はない。みやちゃんががんばってくれたおかげで、コウハイのサマーカットは大成功。あとはコウハイのメンタルが心配だけど、なんだかあまり気にもしていないよう。

被毛をカットしたコウハイはひとまわり小さくなった。顔のまわりも少しカットしたので、これまで以上に丸顔な印象に。細い脚で床を蹴るようにして走る後ろ姿は、コウハイが我が家に来たばかりの頃を彷彿《ほうふつ》させた。センパイに「コウちゃん、小さくなってかわいくなったと思わない？」と聞いてみたけど、「そおかちら？」彼女はいつもそっけない。

今までの長〜い被毛に包まれた得体の知れない雰囲気のコウハイもよかったけれど、短毛の羊みたいなテリアのようなコウハイ、とてもかわいい。猫ではない生き物のようにも見えるし、コウハイだけどコウハイでもないようで……。さすがコウハイ、1匹で二度おいしい。

その後、2日間くらいはちょっとおとなしかった（ような気がする）が、コウハイは、「カットブルー」になることもなく元気に夏を過ごした。

来年の夏も楽しみだニャ！

カットして　スキャットさわやかコウハイちゃん

電子レンジを捨てました

電子レンジを捨てた。勇気がいった。考えはじめてから実行するまで3年以上かかったな。うちで使っていたのはいわゆるオーブンレンジというやつで、オーブン料理もできます、パンも焼けます、食べるものを手軽に温めます。

最初は「オーブンでグラタンやキッシュを上手に作れる人になろう」とはりきっていたし「なんならケーキも何種類かは焼けるようになりたいな！」と思ってもいた。なのに、この10年間で一度も作らなかったよ……。使い途《みち》といえば、冷めたごはんや買ってきたお弁当を温めることと、朝、食パンを焼く程度。文明の利器を使いこなせていない私にも問題があるが、狭いキッチンで場所をとる大仰な箱、その風情に違和感があった。

電子レンジが発生させる電磁波が人体によくないとか、レンジでの加熱が食品の栄養素を破壊するとか、諸説あるのも気になるところではあった。しかし「レンジでチン!」は本当に便利……。

常々、私が心がけているのはシンプルに暮らすこと。物質的にも精神的にもそうなりたい。しかし、現実の私は、物欲旺盛でモノを溜め込む。「今は使わないけど、いつか使うかも」と思ってしまう昭和の人間(時代というより自分自身の問題ですね、ハイ)。判断と即決が苦手で、面倒なことは先送り。

犬には「快」と「不快」しかないという話を聞いたことがある。できることならば、私もそれくらいシンプルに生きたいと思う。センパイの「お気に入りのボールがひとつあれば、他は何もいらないわ」という単純さ、コウハイがセンパイを「遊ぼう」と誘っても乗ってこないとき、別のおもしろいことをすぐに見つける臨機応変さが、私にはうらやましい。

犬や猫は気持ちに区切りをつけるのが上手いと思う。その感情を引っ張らないところは見事。「不快」を見て見ぬふりをして、ぐずぐずとやりすごす私はぜひ見習いたいところ。「不快」をできるだけ「快」に近づけて機嫌良く軽やかに暮らしてみたいもの。

電子レンジ問題は、玄関の隅のしまい忘れたビーチサンダルみたいに、いつも私の心の中にあった。

ある日、フェイスブックでやりとりをしている知人が電子レンジに関する記事をあげていて、それを読んだときに「あ、捨てよ……」と決めた。たまたま決心がつくタイミングだったのかもしれないし、そのとき、内澤旬子さんの『捨てる女』を読んでいたのも影響したのかも。決心すると、いろいろな理由が思いつくもので、まずは「NO！NUKES」の気持ちを電子レンジを手放すことで表す、なんて言ってみたり。

レンジを捨ててしまってから、毎朝、パンは網で焼く。ガス台の火を加減して、網のどの位置にパンを置くかも慎重に。右上が焼けてきたら、場所をずらして左側にも焦げ目がつくように。何度も位置を変えたりひっくり返して、まんべんなくこんがり焼けるのを待つ。時間も手間もかかるしめんどうだけど、楽しい。何より、トーストしてもパンのしっとり感が残っておいしい。

やっぱりレンジで焼くと、水分が飛びすぎてしまうみたいだ。カリカリに焼き上がったパン、そのきつね色の長方形にセンパイの背中を連想して、もっとふんわりとした背中のほうが幸せそうだなぁと思っていたのだった。

その点、網で焼いたパンは、色むらがあったりするけど、心が通ってる感じがあってセンパイの背中に近い。あまり焼けていない白いところは、センパイの柔らかそうなおなかにも似ている。そんなことをぼんやり考えながら、朝食の支度をするのはいいものだ。レンジがあったら到達しなかった境地。

レンジをなくしたことで、不便を補う「工夫すること」の練習ができている。気持ちの転換と発想が前よりも少しできるようになったかも。犬たちのように「不快」を「快」に変えるとは、こういうことかもしれないな。

電子レンジがあった場所は昼寝を楽しむコウハイの特等席となった。

モノ捨てて 心のそうじ できました

「クロワッサン」で、ねこごはん

「コウハイちゃんに出ていただきたいのですけど」雑誌「クロワッサン」編集部から突然の連絡。「はぁ……。で、何をすればいいですか……？」「毎日のごはんについてなのですが、コウハイちゃんの食べているものについて、獣医さんからアドバイスをいただいて、新しいメニューの提案をするページにしたいのです」。コウハイと私でできるかな。でも、せっかくお声をかけていただいたことだし、コウハイに「どうする？」と聞いたら「おいしいごはんは好きニャ！」という顔をしたので、私は「ぜひやらせてください」と快諾した。

我が家にやってきたのは編集部の立石さんと、カメラマンの小松さん。そして獣医師で、『てづくり猫ごはん　健康と幸せな毎日のための簡単レシピ60』という本を出版されている古山範子先生。「いつもはどんなごはんを与えているんですか？」など質問されつつの取材を受ける。

「家に来てから、非常時（コウハイが梅干しの種を飲み込んで開腹手術をしたこと）以外は、カリカリのドライフードです」

「なるほど。ドライは栄養もしっかり計算されていてよいのですが、水分不足になるのが心配ですね」と先生。そして体型チェックも「脚の筋肉はしっかりしていますね。あら、でも肋骨《ろっこつ》がちょっとわかりにくいようです。これは、カロリーを少し気にしたほうがいいですね」。


後日、キッチンスタジオでの撮影。スタジオまではバスケットに入れて電車で移動。まさに「借りてきた猫」。とてもおとなしくいい子で運ばれていたコウハイだったが、スタジオにはおもしろそうなものがいっぱい……。

「ここにいたらいいよ」そう言って大好きな毛布で居場所を作ってやったが、そこでおとなしくしているはずもなく、あちこち探検して、落ち着いたのは蒸し器や大きな鍋が入った棚の中。「お鍋がボクを守ってくれるのニャ！」結局そこがコウハイの楽屋となった。御大《おんたい》は出番まで楽屋で昼寝、その間に、私は先生に調理を指導していただく。先生が考案してくれたコウハイスペシャルは「タラの豆乳鍋」。

無事、料理もできあがり、さて、コウハイの出番。さぞや張り切って？　と思いきや、おいしそうなごはんを目の前に、香りを嗅《か》いで興味を示すも、なかなか食べようとしない。緊張しているの？　一体何を遠慮しちゃっているのよ……。撮影はセンパイほど順調にはいかなかったけれど、まあまあの出来。センパイが撮られていると「ボクのことも撮ってもいいニャよ〜」と近づいてくるくせに、いざ自分が主役になると腰が引けて、コウハイは本番に弱いタイプだということがわかった。

「タラの豆乳鍋」は、その後も特別な日に作って、センパイも一緒に食べる。ビタミンやカルシウム、食物繊維も豊富。冬には身体を温める効果も。そして何といっても低カロリーなのが、ぽっちゃり姉弟センパイコウハイには最適だ。人も動物も食べることは生きること。食べたものがその人になり、その犬に、猫になる。

「市販のフードは栄養のバランスも考慮され優れていますが、飼い主の愛情は入っていないんです」
先生の言葉を忘れずに、愛にあふれた生き物を目指そう。

おいしいな！その顔見たくてひと工夫

＜コウハイスペシャル　タラの豆乳鍋＞
生ダラ1切れ　半熟卵1／2個　にんじん1cm幅1／2枚　白菜1／3枚　豆乳50cc
タラは茹でて、骨を除き身をほぐす。白菜とにんじんは軟らかくなるまで茹でてみじん切り。半熟卵はつぶす。タラの茹で汁で香りづけした豆乳をかける。好みでキャットニップをふりかけても。

■「クロワッサン」2012年12／25号　特集「やっぱり、猫は不思議。」
「石黒由紀子さんが習う猫の健康を考えた、手づくりごはん。」

我が家のグリーンガーデン

夏、実家に帰省したときにホームセンターに寄った。都心では見かけない大規模店で、日用雑貨からＤＩＹもの、園芸グッズまでなんでも揃っている。ペット用品もあり、私はいつも、ここで犬猫のトイレ用砂やシートを買う。

巨大迷路のような店内をカートを押しながら歩き、つい、ふらふらと必要のないモノまで買ってしまいがちだが、その日、私の目に留まったのは、なんちゃって芝生。いわゆる「人工芝」というもので1メートル×1メートル。よく見ると芝のはえ方（？）や色、長さなど、なかなかリアルにできている。

私は、むくむくと欲しくなり、頭を巡らし買う理由をあと付け的にあれこれ見つける。そして「ベランダに敷くのは気が進まないけど、いっそのことリビングに敷いてみるのはどうだろう？」とひらめいた。ソファの下に敷物を敷くと部屋が狭く見える気がして、今までは何も敷いていなかった。そろそろリビングの雰囲気を変えてみたいし、アンバランスな感じがちょっとおもしろいかも。

値段を見たら1980円……、これなら失敗しても笑って済む値段だ。「よし、買いでしょう!」と、私は人工芝をカートに入れた。まぁ、期間限定というか、しばらくの間だけでも試しに敷いてみよう。緑が目に沁みて、気分だけでもさわやかになれるかもしれない。

帰宅して、さっそく人工芝を敷いてみた。「また、何かはじめる気?」センパイ、コウハイに加えてオットまでもが不審そうに私を見ていた。「これって、家の中に敷くものじゃないんじゃない?」オットが遠慮がちに言うが、私は敷いた感じが気に入った。素足で人工芝を踏むのも悪くない(自然の芝生ならもっといいけど)。

そして、誰よりもこれを気に入ったのは、コウハイだった。「ニャんだニャんだ?」とやってきて芝生の上でごろん。「お、これはなかなかいいニャ!」それから、自分のおもちゃを持ち込んで、クネクネ、キャッキャッキャッと遊ぶ遊ぶ。

今までは、相手をしてやらないとおもちゃでは遊ばなかったのに、人工芝を敷いてからは、ひとりでも楽しそうに遊ぶようになった。これは、昔の子どもが空き地の土管を基地にして戦争ごっこをやるような感じ？　コウハイも草原で獲物を狩るような気持ちになっているのかな。

私がソファに座っていると、足元の芝生にコウハイがやってきて、気持ち良さそうに転がって眠ったりもしている。このときは、コウハイなりに高原に行ったような気分に浸っているのかも。1日のうち、起きている時間の半分くらいを芝生の上でごろごろ過ごしている。

新しいものを導入したとき、なかなかなじめないのはいつもセンパイ。今回も人工芝を避けて歩く。ソファに上るときもわざわざ遠回りして、決して人工芝を踏もうとしない。「センパイも芝生にどうぞ。なかなかいいよ～」私がそう声をかけても、センパイは知らん顔。「芝生って言うけど、これは本当の芝生じゃないじゃない。あたちはいつも公園に行っているからわかるんだもん！　コウちゃんはだませてもあたちはだまされないもーん！」そんな表情で私を一瞥。

人工芝導入から2ヶ月経って、我が家のリビングには、まだ人工芝が敷かれている。「夏も終わったし、部屋も秋冬のイメージに替えたいから、そろそろ人工芝もおしまいかなー」そう思うものの、コウハイの人工芝ブームは続いているので、しまうのがかわいそうな気もして。そろそろ飽きてくれないかな。

コウハイは芝生の上でバカンス中

センパイ、美魔女への道

センパイは2013年9月で8歳。その年齢を買われ（？）、サイト「いぬのきもちweb」で「犬のアンチエイジング」という連載をやらせてもらった。

犬の平均寿命は約15歳。7歳からはシニアと言われ、一般的に7～8歳から目に見えて老化が出はじめる（被毛が白くなったり、動きが緩やかになってきたり……etc.）。加齢を止めることはできないけれど、できるだけ若々しく健やかに、老化を少しでも先に延ばして死ぬまで元気で暮らすには、日々をどう過ごせばよいか。それを探るのがセンパイと私の使命。

健康維持のための運動法や家でできるケア方法など、獣医さんや老犬介護の専門家にセンパイと会っていただき、貴重なアドバイスをしていただいた。私が密《ひそ》かにつけている裏タイトルは「センパイ、美魔女への道」。

犬のリハビリ支援などでも知られるペットケアサービスのオフィスを訪ねたときのこと。センパイを診ていただき、アドバイスされたことは「後ろ脚の筋肉強化」。プロの目によると「センパイちゃん、後ろ脚の外側の筋肉が落ちてきています」と。飼い主としてはまったく気にしていなかったことだけに、驚いた。

そのケアには、散歩を強化させることが何よりも大事。ただ距離を歩くだけではあまり効果がなくて、坂道や階段なども積極的に昇降させること。草地やウッドチップが敷かれた柔らかなところ、障害物があるところを歩かせることも効果あり。つまり、犬も人と同様、歳《とし》をとると脚を上げないで歩くようになってくるので、しっかり脚を上げて歩くように意識しながら散歩させなくてはならないそうだ。

犬も人も「老化は足腰から」。長寿犬の飼い主が口を揃えて言う長寿の秘訣は「散歩と口内ケア」。あぁ、これは大変なことになった。ただでさえ、散歩嫌いなセンパイを、その上、最近頑固になってきたセンパイを（これも老化？）、今まで以上に積極的に散歩させるには、どうしたらいいのか。

２０１３年の夏は猛暑で、センパイも私もぐったり。早朝から夜中まで暑いことを理由に散歩も少々さぼり気味で、リビングでボール遊びをしてお茶を濁すことも多かった。散歩好きな犬なら「散歩に行けないなんて耐えられない！」と抗議がありそうだけど、センパイは「散歩？　付き合ってあげてもいいけど、別に行かなくてもいいわ〜ん」と顔に書いてあるので……。

そして気がつけば、散歩不足からか、センパイ、またじわじわと太り出した。「アンチエイジングの連載中に〝センパイが若返る〟のならばいいけれど、太ってしまっただなんて……」私は怖くて、センパイを体重計に乗せられない。

それにしても、夏の暑さでやる気は減退するのに食欲が落ちないのはなぜか。

９月も半ばになり、秋風も吹いてやっと涼しくなってきた。「さて、そろそろお散歩強化月間といたしましょう」と、ある日、家から少し離れた公園までセンパイを連れ出した。「センパイ、今日は大きい公園の芝生でボール遊びをしよう！」そう動機づけするも、センパイ、動かないこと山のごとし……。

なだめたり持ち上げたりして、やっとのことで公園に到着すれば、さっきまでの座り込みが嘘《うそ》のように芝生の上をハイテンションで走りまわり、ボールを追いかけるセンパイ。「もっと遊ぼう！　もっとボールを投げて！」ととても楽しそうだ。道路を歩くのが嫌なの？

帰り道は「家に帰れる　↓　おやつもらえる？」と思うのか、順調に歩く。それでも以前に比べると歩き方はゆっくりだ。私は歩調をセンパイに合わせながら「これも老化かなぁ……」と少ししんみり。

風に追い越されながら、ようやく帰宅。公園で走った日は、気持ちも安定するのかコウハイにもやさしいセンパイ。爆睡している姿はまんまる。上から見たらいなりずし。

健やかな老後目指して、散歩がんばろうね、センパイ！

散歩して健脚美魔女を目指します

神社猫、その後

平日の昼間。ひとりで近所を歩いていたら「ニャ〜！」と呼び止められた。振り向くと、そこにいたのはセンパイの散歩で会う、神社にいる猫。

「あれー、にゃんこちゃん。最近はこっちのほうまで出張しているの？」いつものようにしゃがんで手を差し伸べてみたが、猫はしばらく私を見つめてから、何かを思い出したように、そのまま知らない家の塀の奥に入ってしまった。いつもなら、おなかを出してゴロゴロと喉を鳴らすのに。

その猫は、野良猫だというのに陽気で無防備。オットにもセンパイにもなついていて、散歩の途中に神社に立ち寄ると、どこからともなく現れる。頭を撫でると目を細めて気持ちよさそうにして「こっちもお願い」と背中を見せて催促。センパイとも遊びたがって、よく神社近くの公園にまでついてきていた。

たっぷりとした体型を見ると食べるものには困っていないようだ。たぶんメスで、ふれ合うようになって2年は経つけど、子どもを産んだ様子もないので不妊手術をしてもらっているのではないかとも思う。誰かに飼われていたのかもしれない。

知り合った頃、猫はたぶん1歳未満（子猫という感じではなかったけれど）。とにかく遊び相手が欲しかったようで、神社に行くと「待ってたよう」と現れて、帰ろうとすると自分がついてこられる角の駐車場のところまで並走。そして駐車場の端に佇《たたず》み、私とセンパイが見えなくなるまでずっと見送ってくれていた。

夕焼けが射し込む路地で、名残り惜しそうに私たちを見ている小さな姿に、何度、猫さらいになろうと思ったことか。

うちに迎えようかと具体的に考えたりもしたが、私たち以外にも近所にあの猫を見守っている人が何人もいるようだし、センコウの気持ちを思うと、なかなか踏み切る勇気が出なかった。

台風のときや寒い夜には「にゃんこ、大丈夫かな。今頃どんな気持ちでいるだろう」

と気を揉《も》んだ。

また、ある日。駅からの帰り道に、神社の猫が青い屋根の家の門を出て、細い道を横切り、白い木造の家に入っていくのを見た。私は「あ、あの子。へぇ〜、結構自由に渡り歩いているんだなぁ！」と感心した。


その頃からだ。私たちが神社に行っても、出てはくるもののあまり遊ぼうとはしなくなったのは。なんとなく余裕があるというか、前よりちょっと距離をおいて、落ち着いているように見える。

「覚悟を決めたんだな……」と思った。以前は寂しくて寂しくて、誰かと一緒にいたいと思って人のあとをついて歩いていた猫も、大人になって「わたし、ひとりで生きていくことにしたわ」と覚悟を決めた。雨の朝にも風吹く夜にも慣れて、行動範囲も広がり、生きていく自信が出てきたのかもしれない。そんな一人（猫）前の顔つきになっていた。

それからは、近くで会うと「ニャー！」とあいさつをしてくれる、顔見知りの近所の住猫。私としては相変わらず世話を焼きたくて「どう？　ちゃんと食べてる？」なんて声をかけてみるけど、にゃんこはつれニャい。境内で遊んで帰るときも「じゃ、またね」と言うと、「うん、バイバイ！」と踵《きびす》を返す。外での暮らしは大変だろうに。

人恋しげにあとを追われて気持ちが乱れるよりは、まし。何かのタイミングで私のほうが先に覚悟を決めて、神社猫をうちに迎えていたら、今頃どうなっていただろうか。

今朝も神社の鳥居の前で、くーーっと背筋を伸ばして凜《りん》。神社猫の独り立ち、頼もしくも少し寂しい春だ。

もしかして守り神かな　地域猫

ふたりでお留守番

オットとふたりで泊まりがけで出かけることがあった。2泊3日。そんなことは年に何度かあって、そのたびにセンパイとコウハイを信頼できる友人夫婦に預けていた。友人たちはセンパイが子犬のときから知っていて、夫婦でセンコウをかわいがってくれて、何よりセンパイが大好きな人たち。とても頼りになる有り難いホームステイ先。

預かってもらうとき、センパイは親戚の家に泊まりに行くような感じで終始リラックス。センパイが安心しているとコウハイも安心し、2匹で非日常を楽しませてもらっているようだ。

しかし、今回は急だったこともあり都合がつかない。ペットホテルに預ける選択肢もあったが、考えた末に「家で2匹で留守番させてみよう」と決めた。私たちが出かけたあと、2匹はいつものように家にいて、1日に2回、近所に住む仲良し家族の娘・ななちゃんにペットシッターとして来てもらう。ななちゃんは、センパイが我が家に来たときからの幼なじみ。ごはんやトイレの世話をしてもらい、しばらくの間2匹の相手をして遊んでもらう。これが、今の2匹にとって、一番ストレスにならないスタイルだという気がした。

「今日も2匹は元気です!」ななちゃんからは旅先にもメールが届き、私たちは大安心。しかし、送られてきた画像の2匹を見るたびに、こちらのほうがホームシックになりそうだった。

帰りの新幹線では、携帯に取り込んだセンコウの写真を見つめ「今頃どうしてるかなぁ」と2匹の姿を想像してばかり。心の中で「もうすぐだよー。今、横浜! あと1時間くらいで帰るからねー」と念(?)を送る。最寄り駅からはもう急ぎ足、前のめりに帰宅して2匹の熱烈歓迎を受けた。

「どこ行ってたのよー! 会いたかったワワワ～～ン!」「帰り、遅すぎだニャーー!」「帰ってくるのはわかってたけど、こんなにかかるとは思ってなかったよね～」「ほんと、ニャんやね〜ん！」

センコウは玄関とリビングを全速力で行ったり来たり。玄関マットもソファのクッションも右に左に吹っ飛んだ。

あれれ。見るとセンコウ、前より仲良しになってない……？　お互いを尊重し合っている感じで、特にセンパイがコウハイをぐっと認めるようになったみたい。「コウちゃんがいると心強いワン！」と思ったのかな。コウハイも「ねえたんは、ボクが守ったよ！」と、自信をつけたような雰囲気。

後日、お世話になったななちゃんに留守中の2匹の様子を聞いてみた。

「私が入っていくと、多分おねえちゃん（私のこと）が帰ってきたと思って、すごい勢いで玄関に迎えに出てくるんだけど、違うとわかると〝あら、あなたね？〟って感じで、2匹で〝ささ、行きましょう行きましょう〟って部屋に引っ込んじゃうの。でね、ごはんあげたら、まずセンパイが食べはじめて、それをコウハイが見てる。そのあとコウハイが食べるのをセンパイが見てて、センパイはときどきコウハイにおこぼれをもらってた（笑）。遊ぼうと誘ってもあんまりのってこなくて、2匹でソファにいたり、ダンボール箱に入って静かにしていたよ」

そうか、なにかとイニシアチブをとるのはセンパイで、コウハイはそれにいい子で従っていたのね。ななちゃんの報告はとても明瞭で、2匹の姿が目に浮かぶよう。

私は、2匹が寂しさのあまり、不安で心細い思いをしているのではないかと気になっていた。なので「ななちゃんが帰るとき、後追いしたり〝もっといてー〟って感じはなかった？」と聞く。

「寂しそうにはしてなかったよ。じゃ、帰るね、って言うと〝はーい、もう行ってもいいよー！〟というか、〝あとは任せとけー〟みたいな感じで落ち着いてた。ほんとに2匹で暮らしているみたいに、のんびりとくつろいでいたよ。寂しがって飛びついてきたり〝遊ぼ遊ぼー！〟ってもっと激しい反応があるかと思ってたけど、意外にオトナの反応だった（笑）」

そっかぁ、オトナの反応か……。「ここで待っていれば、ふたりはいつか帰ってくるから大丈夫！」なんて思っていたのかなぁ。私たちのことをそんなふうに信じてくれていたのか……。そう思うとじーん。ペットはこんなふうに気丈に飼い主を待っていてくれる。その気持ちにしっかり応えなくてはね。

「でね、センパイがソファにいて、気づいたらコウハイも隣にいて……。こんなふうにずっと一緒にくっついていたんだなー、とわかった。ひとりの留守番は寂しいだろうけれど、ふたりでいられてよかったねー、って思ったよ。一緒にいるのは誰でもいいんじゃなくて、やっぱり家族がいいんじゃないのかな」

ななちゃんはやさしい。

そっか、ずっと2匹でくっついていたんだね。けっこう余裕で「たまにはこんなのもいいわねー」「そうだニャー」なんて話していたのかな。寂しくて辛抱たまらんは案外私たちのほうだった。お留守番おつかれさま。ななちゃんに来てもらってよかったね。

センちゃんコウちゃん、ありがとね。

お留守番 ふたりでいると怖くない

頑固くらべ

センパイと散歩しているとき、後ろから歩いてきた見知らぬ女性が追い越しざまにこう言った「この子、頑固ねー。自分の行きたいところにだけ行って、嗅ぎたい匂いを納得するまで嗅ぐって感じ！」。まさにそうなんです。しかし、ほんの数メートル後ろから眺めてただけで看破されるとは……。

センパイは子犬の頃から甘えん坊でぼんやりしていたけれど、我慢強さがあり「嫌なものは嫌なの」という自分の意志を持っていた。頑《かたく》なさというか、その芯の強さのようなところが、一般的に「柴犬は自立心があり、飼い主に忠実」と言われる所以《ゆえん》なのかと思っていた。

犬の散歩は、同じ道ばかりを行くのではなく、その日によってあちこちコースを変えて歩くのがいいそうだ。何にでも慣れて適応できる犬にするために。しかし、センパイは変化に弱い。毎日、同じ電柱の匂いを嗅ぎ、公園の隅で草をはみ、同じ場所でおしっこをする。同じタイミングでボール遊びを催促し、家が近くなると小走りになって、玄関の前で「ゴールインしました。おやつちょうだーい」とおすわり。本犬はいたって満足そうではあるけれど……。

私には、何かのタイミングでむくむくと克己心が湧き「このままではいけない！」と思う癖がある。「センパイの散歩も、もっといろんなところを歩いたほうがいい！　坂道とか階段とか歩いたほうがセンパイの脚力強化になる！」と発作的に思う。そして、強い気持ちを持って実践しようと試みる。迷惑なのはセンパイだ。

「センちゃん、今日はこっちの道を行ってみよう！」そう私が促すもセンパイは「えー、いつもの道でいいよー」と応じない。そして「いつもの道じゃなかったら、歩きたくないしー」と座り込む。私も「よかれと思って」という執着があるので、センパイの態度に納得できない。こうなったら女同士（？）の意地の張り合いだ（ちなみに、センパイの座り込みは近所でも有名です）。

生来、私は頑固者。好きなものにもこだわるし「こう」と思ったら方向転換がなかなか難しい。父も頑固者、オットも頑固者だ。頑固に一途に生きるのが良きことのようにさえ思っていた。しかし、飼い犬にこうも頑固にされると気持ちも揺らぐ。

「センパイの頑固さが憎らしい」そう思うが、思わせているのは私の中の頑固さなのだ。思い返せば、センパイと私の歴史は頑固くらべ。オットとの歴史も同じようなもの。はあ、自分の頑固さを手放す良策はないものか。

「こだわって生きる」のは度を超すと生きづらい。先入観のない柔軟な姿勢で、物事をふんわり受け入れて、自然の流れに従える人になりたいな。犬はいつでも私の先生だ。

言い出すと 岩より 動かぬ 頑固者

シンプル＆ストレート

幻冬舎のウェブでの連載を書籍化することになり、自分で書いた原稿を読み返していて思った。コウハイって、一体、どんな性格……？

「コウハイは暴れん坊」「周囲の空気を読むいい子です」「飼い主の顔色など窺ったためしがない」「センねえたんにはニャンとも忠実」

自分で書いていてなんですが、このようなさまざまな表現に、読んでくださる方は「コウちゃんって、いい子なの？　それとも言うこと聞かないやんちゃ猫？　一体どっち？」と戸惑うのではないか。

コウハイは、好奇心旺盛ないたずらっ子。スイッチが入ると家中を縦横無尽に走っては飛ぶ。でもふとしたときに、こちらがドキドキするくらい優雅に甘えてきたり……。飼い主には気を遣わないけれど、センねえたんには一目置いている。自分が遊びたくなったら、センパイにも私たちにもいたずらを仕掛ける。物陰に潜んで、タイミングを見て「わー！」と脅かしてみたり、棚から飛び降りるときや、ダンボール箱から出るときにわざと大きな音をたてて愉快そうにニヤリ。私が寝ようとすると、「ボクと遊べ～！」とベッドに先回りして待ちぶせ。寝ているとき、息苦しくて目を覚ましたら、コウハイが私の顔の上で眠っていたこともあった。

私が原稿を書いていてもごはんを作っていても、自分が隣の部屋に行きたいときは「ドアを開けてくれろ～」と鳴くコウハイ。寒い季節は、彼のためにドアを開けたり閉めたりしているだけで日が暮れる。ふぅ。

あ。今気がついた。「センねえたんには忠実」そう書いたけど、コウハイは何よりも自分に忠実に生きているのだ。思ったことをそのまま実行し、自分の欲求をストレートに表現。私やセンパイにも気持ちを素直に伝えて生きている。躊躇《ちゅうちょ》せず、過ぎたことは振り返らず。自分の心を傷つけず、迷わず、人の言動にも左右されない。目の前のことを全力で楽しむ。それがコウハイだ。

「あぁ、コウハイのように生きられたら、どんなにいいだろうか」

私はうなだれる。考えすぎては立ちどまり、思ったことも口にできない自分はなんとも小さい。「好きな人には好きと言う、会いたい人には会いに行く。やりたいことはやる」。コウハイは勇気のかたまり。命を楽しむ天才だ。

窓から迷い込んできた小さな虫を見つけ「ニャニャー！　虫くん、待てぇー！」と無心に（シャレではないです）すっ飛んでいくコウハイの姿を目で追いながら、なんと頭でっかちであったかと振り返る。コウハイからは、素直さと勇気と自由を教えてもらっている。猫もやっぱり、私の先生だ。

コウハイは　楽しく生きる　思いきり

映画『犬と猫と人間と2　動物たちの大震災』のこと

「早く家に帰って、センパイとコウハイをぎゅーっとしたい！」

この映画を観たあとに一番最初に思ったことだ。2匹が元気でいてくれることに、まずは感謝しなくては。センパイとコウハイとの日々、その日その日が奇蹟《きせき》だということを、あらためて感じた。家の中、通り道にセンコウが横になっていて「なんでここで寝てるのよ～？　邪魔だよ～」なんて言いながらまたいで歩くなにげない日常が、どんなに幸せなことか。震災のときに思い知ったのに、気がつけばもう緩んでいる。

この映画、タイトルからもかなりシビアな内容だということが想像できるでしょう。「犬や猫が可哀想。動物が好きだからこそ観ていられない」そんな声も聞く。確かにね、その気持ちもよくわかる。でも、それで心に蓋《ふた》してしまっていいのかな。

私自身、正直、そう積極的に観たかったわけではないけど、一度観てはなんだか気になって、結局4回観ました。けれど、観終わって「観なきゃよかった」と後悔したことは一度もない。

1回目に観たときは、犬や猫、牛をめぐる悲惨な情景が脳裏に残り、どんよりとした気持ちになった。しかし、この作品には、再び震災が起きたとき、犬や猫をどうしたら助けられるかのヒントがたくさんあるな、とも思った。そして、教訓を活かすことで、震災で亡くなっていったたくさんの命を少しは慰められるかもしれないと。

作品の中で、愛犬を亡くしたおかあさんが「ここ、この柱に繫《つな》いだのよ。大きな犬は中に入れちゃいけないって言われて」と涙ぐんでいた。そして愛犬は波にのまれた。そっか、一緒に避難所まで逃げてきても動物は中に入れてもらえないことがあるんだ……。

私もシミュレーションしてみよう。センパイは大きな犬でもないけど、小型犬とも言いがたい。避難したときに、周囲に迷惑をかけないようにするにはどうしたらいいのかな。センパイ用の避難用ケージを準備して、その中にスムーズに入るように練習すればいいかな。普段からムダ吠えはあまりしないけど、逆にうれしくて興奮してしまうところがあるから、気持ちを上手くコントロールしなくちゃ。これは飼い主が勉強すること。センパイが高揚するタイミングなどを見極める練習もしておこう。

猫は犬よりコントロールが難しい。でもあたらめて知ったことは「非常時に、ペットと離れてしまったら二度と会えない」ということだ。映画の中で、当時原発避難区域に住んでいて、今もときどき帰宅しては、愛猫の行方を探している人が登場していたが、彼の心中いかばかりか。

コウハイにはリードをつけて歩ける練習をしたいなぁ(ヒモで遊ぶのが好きなので、リードにじゃれてばかりで歩かない)。犬猫用の避難袋も用意しよう。

私の地元、栃木県那須塩原市でも公開され、宍戸大裕《だいすけ》監督やプロデューサーの飯田基晴《もとはる》さんもいらっしゃるというので伺った。そして、私の観賞4回目にして、劇中ではじめて笑いが起こってびっくりした。その場面だけを切り取れば、動物と人とのほっこりしたやりとりで、言われてみればたしかに和むシーンではある。そっか、今までは、スクリーンに映る現実に圧倒されて、笑うことも忘れていたのか。
栃木県北部は、被災地にも近く避難者も多かった。当時、揺れで半壊した建物も目立ったし、放射能のホットスポットとして注目を浴びた。震災をリアルに体験しているからこそ、スクリーンの中の景色に圧倒されることなく、和みを見逃さず笑えたのかも。どんな状況にも笑いや希望の種があるのだとしたら、それを見つけられる人でいたい。

この映画は、観ただけ心の体力がつく。1回目では、悲惨さややり場のない悲しみや怒りが残る。でも、何度か観ることで、現実の中でやるべきことを見極め行動する人々や、困難を乗り越えて、新たな光を見いだす姿に勇気をもらえる。けなげに生きる動物たちが愛おしい。

■『犬と猫と人間と2　動物たちの大震災』
http://inunekoningen2.com/

避難するとき

東日本大震災の翌年、石巻を訪れたときに会った柴犬のはなちゃん。飼い主のおとうさんは「一緒にいられるだけで幸せです」と笑った。横で「そうなの、そうなの。ほんとうに」と穏やかに佇むはなちゃん、13歳。被災犬だ。

あの日、はなちゃんはおかあさんと家で留守番をしていた。地震が来て、まもなく津波警報。おかあさんは、はなちゃんを連れて屋根の上に登ったのだそうだ。波が押し寄せ、見慣れた風景が刻々と変わってゆく。日が沈みその景色さえも見えなくなって、雪もちらつき厳寒の一夜をふたり（1人と1匹）で過ごした。「あの晩、はながいなかったら、私もどうなっていたかわからないです」とおかあさん。

翌日、屋根の上にいたふたりは発見されて、ヘリコプターで救助隊がやってきた。

「はなー、よかったなー。助かったよー！」と喜び合ったが、救助隊員はこう言った

「かわいそうですけど、犬はここに残してください。今救助できるのはおかあさんだけです」。

動揺し、自分だけ救助されることに躊躇したが、「ここでふたりで死んでしまうより、私が生きて、はなを迎えに来よう」おかあさんはそう思い、ひとり、ヘリコプターに引き上げてもらったそうだ。

「地震と津波で世の中がどうなっているのかもわからなかったし、家族の安否もわからない。そんな状況の中、救助に来てくれた人に〝犬も一緒に〟とはどうしても言えなかった」と、おかあさん。

避難所で家族とも会え、みんなではなを迎えに行ったが、もちろん屋根の上で待ってるはずもない。はなはどこにもいなくて、あちこち探して3日目「もうだめかな」と、あきらめかけていたときに、道の向こうを歩いてくるはなを発見。

「はなー！　って、大声で叫んだら、はなも気づいてお互いに駆け寄って……。たぶん、はなも私たちを探していたんだと思いますよ。震災から4日、はなが見つかって、その

夜ようやく眠れました」

はなちゃんを残して自分だけ助け出されるおかあさんの葛藤、おかあさんと離されてしまうはなちゃんの不安。その切なさは、想像するだけでも身が痛い。

災害時、犬は救助してもらえないの？　東日本大震災では、未曽有《みぞう》の被害がこの先どれだけ広がるかの見当もつかず、まずは「人命を優先して救助する」という判断だったのだそうだ。もちろんペットもレスキューするが、定義があるわけではなく、災害時の状況で自治体や現場での判断となり、対応はまちまちなのが現状のよう。

震災の備えとして、私たちが犬や猫にやってあげられることは何だろう？　東日本大震災で物資支援や動物保護のボランティアをした経験のあるＪＡＳＡ（一般社団法人日本動物支援協会）代表・我妻敬司さんにお話を伺ったことがある。

「ペットの避難用として、フードやトイレシーツを準備しておくのも大事なことですが、今の日本だと、震災の翌日には何かしらの救援物資が届くはずです。避難するときにペットを連れ、その上どれだけの荷物を持っていけるかという現実問題もありますよね。

僕の経験では、まずはペットがクレート（ケージとも言います）の中で過ごせるようにトレーニングをしておくことが一番大切。あとは、はぐれたときのために首輪とＩＤタグの装着。マイクロチップの登録もしてほしいですね。避難所で問題になるのは、鳴き声と匂いです。ムダ吠えさせないこと、ある程度人に慣れさせておくことも必要です」

飼い主が災難からペットを守るためにやるべきは、基本のしつけ。必要なのは想像力と判断力。「ものを備えておく」ことと並行して、人も動物も公共の場で迷惑をかけない、そして困らないために、義務づけられている予防接種やノミ・ダニ対策をすること。日頃の生活習慣を身につけておきましょう。

ペットの避難対策、我が家ではまず震災後、コウハイに鈴をつけました。センパイもコウハイもクレートの中で過ごせます。ペット用の避難袋も作って、食事と排泄に必要なものや、以前使っていたブランケット（匂いがついていたほうが安心するかと思って）を入れた。センパイとは、地域の避難場所に避難する練習を何度かしたり……。何事もないことを願うばかりですが、備えよ常に。

これからも自分の気持ちを引き締めるために、石巻のはなちゃんのこと、ときどき思い出すことにします。はなちゃん、本当によかったね。おとうさんとおかあさんと、これからも元気で幸せにね。

逃げるとき一緒に行くよ　家族だもん

これからも、ずっと一緒に仲良くね

センパイは犬でコウハイは猫。しかしコウハイは、犬と猫の区別がついていないようだ。センパイが飛び乗れないテーブルにコウハイはひょいと乗る。しかしそれは「たまたまセンねえたんよりボクのほうがジャンプが得意！」だから。夜中に目が冴えて走りたくなるのも「たまたま昼寝をしてしまったからなのニャ」。「ボクは身体がやわらかくて身軽だけれど、センねえたんはちょっとぽっちゃりさんだから、あんまり動かないんだよニャ……」

コウハイは、何匹かの兄弟で生まれてきて、捨てられたのも拾われたのも救ってもらったときも兄弟猫と一緒ではあった。しかし、その頃のコウハイは、生きていけるかどうかという不安定な健康状態だったし、心身のすべてが朦朧《もうろう》としていた。宇宙と交信しているようなフシもあったので、周囲を感知していたかどうかも怪しい。だから、猫でありながら猫をあまり知らないのかもしれない。

人間のことは、保護されてから「とても大きな生き物で、やさしく声をかけてくれたり、おいしいものをくれたりする存在」という認識でいたと思う。

生後3ヶ月ほどで我が家にやってきてからは何事もセンパイの背中を見て覚えた。オットや私は飼い主とはいえ、1日2回のごはんを与えることとトイレの掃除、遊び相手になることが主な役割で、家の中でのルールを教えたのはセンパイだ。なので、コウハイ的家族構成は「この家で一緒に暮らしているのは、しっぽがあって4本脚で動くボクとセンねえたん、それから、ごはんをくれたりする大きな生き物がふたつ」。

私がコウハイの犬化（センパイ化？）に気づき、最初に「はっ！」と思ったのは我が家に来て数週間経った頃、ごはんの食べ方だった。「犬は一気に食べるけど、猫は気まぐれに食べたいときに食べる」と思っていたが、いつの頃からかコウハイも一気に食べるようになっていた。ものすごい集中力でガツガツガツと食べるその姿はセンパイにそっくり。

その後もコウハイの犬化（センパイ化？）は日に日に進み、リラックスしているときの姿も、日なたぼっこしている場所も同じ。私やオットが帰宅したときに玄関で迎えてくれるのもセンパイと一緒。おやつをもらうとき、お手もする。

そんな猫なのに犬なコウハイが、最近気になっていることがある。それは、センねえたんのうんち……。

センパイのトイレタイムは散歩に出たときだが、家の中のトイレシートでもうんちやおしっこをする。コウハイは、センパイのシートの横に設けたトイレ砂の中に。コウハイがトイレをする様はとても解放的で、お客さんが来ていても私がじーっと見ていても平気。何かを決意したような表情で泰然と一点を見つめて、する。しかし、排泄後はとても神経質に、念入りに何度も砂をかけて隠すのだ。

ちょっと猫っぽいけど犬なセンパイはといえば、トイレシートからはみ出ないようにおしりを下げて、する。おしっこはシートに吸収されて黄色い地図を描き、うんちは乾いた固体として残る。が、コウハイはどうにもその固体が気にニャる。

「ニャ〜ん。ねえたん、そのまんまにしちゃダメじゃ〜ん」とコウハイが訴えるものの、センパイは出してしまえば、その瞬間に出したことすら忘れるので何を言われているかわからず知らん顔。

そこでコウハイは、センパイのうんちに一生懸命エア砂かけをする。よいしょよいしょと脚で宙を掻くようなその姿はいじらしい。コウハイは、意外と律儀で人のいい（猫のいい？）おせっかい。

砂（空気）をかけてもかけても、センパイのうんちは隠れない。最近では、トイレシートの角をたたんで隠す術《すべ》をあみ出した。うんちにシートの余った部分を上手にかけて「ふぅ、これでひと安心。コウハイもつらいよ……」。

猫のような犬のセンパイと犬のような猫のコウハイ、今日も元気で仲良しです。この2匹と一緒に泣いたり笑ったり、一日一日を積み重ねていくことができて、私たちは本当に幸せです。いいことばかりでもなく「特別なことはあまりない普通の毎日」、その普通を普通に味わえることに感謝して。これからもうれしい顔で暮らせるように。

今年の秋が来たら、センパイは9歳、コウハイは4歳になります。
最後まで読んでくださりありがとうございました。またどこかで、センコウともども、
みなさんとお会いできるのを楽しみにしています。
生まれてきたすべての動物たちが幸せになれることを願って。

これからもずっと一緒に仲良くね

石黒由紀子
エッセイスト。栃木県生まれ。日々の暮らしの中にある小さなしあわせを綴るほか、女性誌や愛犬誌、webに、犬猫グッズ、本のリコメンドを執筆。楽しみは、散歩、旅、おいしいお酒とごはん、音楽。著書に『GOOD DOG BOOK ーゆるゆる犬暮らしー』（文藝春秋）、『なにせ好きなモノですから』（学研）、『さんぽ、しあわせ。』（マイナビ）など。前作『豆柴センパイと捨て猫コウハイ』（小社刊）は幅広い支持を受け、現在もロングテールで人気。

staff
文・写真 …… 石黒由紀子
プロデュース・編集・写真 …… 石黒謙吾
ブックデザイン・題字 …… 中嶋香織
編集 …… 菊地朱雅子（幻冬舎）

犬猫姉弟《きょうだい》センパイとコウハイ
2014年4月10日　第1刷発行

初出　Webマガジン幻冬舎 Vol.273 〜 Vol.300 ＋書き下ろし

著　者　石黒由紀子
発行者　見城 徹
発行所　株式会社 幻冬舎
〒151-0051 東京都渋谷区千駄ヶ谷4-9-7
電話 03（5411）6211（編集） 03（5411）6222（営業）
振替 00120-8-767643

印刷・製本所　株式会社 光邦

ISBN978-4-344-02561-5　C0095
幻冬舎ホームページアドレス　http://www.gentosha.co.jp/
この本に関するご意見・ご感想をメールでお寄せいただく場合は、
comment@gentosha.co.jp まで。